超越的可能性

21世纪中国新建筑记录

中国建筑的魅力

王明贤 编著

「十二五」国家重点图书出版规划项目

中国建筑工业出版社

自序

PREFACE

　　时光流逝。当年全球迎接新千年的盛况还历历在目，1977年整个中国走出"文革"噩梦时对2000年实现"四个现代化"的憧憬亦记忆犹新，然而在今天，2000年已成为历史，2000年至2012年的历史也成为当代史的一部分。在全球化的潮流中，中国的城市和建筑发生了天翻地覆的变化。中国建筑师探讨中国城乡发展中面临的困境，关注点则由单体建筑上升到城市的整体，力图解决关于城市发展方面的焦点问题，并为未来城市的建设提供新的思路。1950年以后，是那些国营建筑设计院体制下的建筑师塑造了中国现代城市与建筑的形象，但是近20年来，尤其是2000年以来，有一批中青年建筑师力图有所突破，重新诠释城市空间和建筑空间，突出了建筑的实验性，多元探索成为中国当代建筑创作的新趋势。经过这一阶段的努力，今天的中国建筑已经达到了一个新的高度。这是中国当代建筑一个特殊的历史时期，建筑师的作品更有探索性，也更有深度，值得我们认真研究。

　　本书关注的重点是21世纪以来的中国建筑现象，包括中青年建筑师的设计探索、建筑设计院与建筑院校体系的当代建造、外国建筑师事务所在中国、奥运建筑和世博建筑、集群建筑与建筑展览、旧建筑改造、旧城更新以及灾后重建等。诚然，对于2000年至今这一段刚刚发生的建筑史，如果运用福柯的"考古学"的方法、"系谱学"的方法，透过种种表层的建筑现象以发掘出深层结构，固然最好，但目前我们的工作更多的是对中国当代建筑现象记录，而不是急于得出有关深层结构的结论，只是为建筑的知识考古学增添素材而已。当然，一份带有集体记忆的建筑记录，也具有学术价值和历史价值。

王明贤
癸巳年初夏

目录

CONTENTS

绪论
重新解读中国空间

一、城市与建筑的当下状态

进入 21 世纪以来，国际经济处在深刻变动的关键时期，经济的全球化给世界发展带来了巨大的推动力，但同时也带来一系列新的问题。在世界多极化、经济全球化的总体格局中，中国在发展模式、发展内容、发展任务等方面发生了很大的变化，面临严峻挑战，而新的发展机遇也包含在挑战之中。2001年 11 月 10 日，世界贸易组织第四届部长级会议在卡塔尔首都多哈以全体协商一致的方式，审议并通过了中国加入世贸组织的决定。一个月后，中国正式加入世界贸易组织，成为其第 143个成员加入世贸组织是中国经济融入世界经济的重要里程碑，中国经济保持了强劲增长势头。

与全国经济高速发展相应，中国的城市建设和建筑设计市场，依然保持着高速发展的态势，不失"世界最大工地"的名号。然而尽管自 2000 年以来的不少中国城市和建筑发展迅速，却缺少一种当代性，许多正在发展的城市暴露了可怕的问题：我们的新建筑只是一些杂乱无章的堆砌，城市没有一种活力。再者，很多城市把老房子都拆了，旧的街道改造成笔直的大马路，交通却依然堵塞。城市成为既没有当代性又没有历史的综合体，大而无当的综合体。

前些年读《南方周末》"三峡，无法告别"特别报道，记者南香红的"涪陵：老城的最后容颜"一文写得很感人，如今的记者有这样的修养是真不多了。"现在的涪陵给人的感觉是太新了，处处高楼大厦，在楼群之间能找到多少和历史相关的东西？有多少可以让你发千年幽思的地方？""这座在历史肩膀上的城，城越来越往上长，脚下历史陈迹在悄然逝去。""即将失去的将永远失去，城市的传统和气味的形成必须经历上千年的发酵，点点滴滴均是浑然天成，永远无法复制，不同的城市铭刻着不同的历史记忆，蕴涵着不同的文化和风俗。""而迁移后重盖的所谓新城大同小异，功利的城市效能，全新的

砖瓦，茫然的人群，人文上的积淀在哪里？"[1] 涪陵、丰都、万州、云阳、奉节、巫山、秭归，三峡的故事还没结束，我们还不能预测新城的未来。我记住的是另一些城市与建筑，舟山定海古城惨遭破坏，北京美术馆后街 22 号四合院被拆毁……又使我们永远失去了多少历史。这么快地摧毁历史，却又创造不出新的历史。一个个毫无个性的建筑，一座座毫无个性的城市。诚然，是新的城市，是新的建筑，但是缺乏的是文化的灵魂。

如何评价中国当代城市的发展模式呢？青年学者李翔宁有过如下论述：中国的城市，学习的是西方现代化的模式，可是社会和经济状况的演变使得中国的城市化迅速具有了西方城市化过程所未曾经历过的历程和特点，西方学者正在意识到对于中国当代城市发展模式的研究，或许应当采用不同的标准。是的，如果谈及城市的生态环境和居住舒适度，上海不如温哥华；谈及城市的秩序和法规的完善，上海不如新加坡；就城市文化的丰富性，上海不如伦敦、纽约；谈及城市历史和文化景观的和谐，上海不如巴黎。可是，如果我们换一套评价体系，从发展速度、提供的就业前景、城市景观的生命力和异质性所提供的刺激，上述城市没有一座可以和上海相提并论。问题是，我们是否只有一套标准和价值来评价城市？库哈斯就曾经批评过欧洲城市的虚伪和死气沉沉，而看到亚洲城市的真实和生命力[2]。

在现代化的潮流中，中国的城市和建筑发生了极其巨大的变化。中国当代城市建筑并不是西方现代建筑的翻版，也不是传统建筑文化的"故事新编"，它们是中国这特定的空间中产生的当代文化现象，其丰富性和复杂性令所有研究者都无法回避。这是从未有过的城市与建筑的新景观。特别是1992 年以来，中国的城市建设以惊人的速度发展，揭开了城市发展史的新篇章，不断制造出各式各样的新建筑，具有后现代色彩的建筑也时有出现。然而，更引人注目的并不是个

体建筑的后现代风格，而是从城市角度来展现的"后现代建筑现象"。这种"后现代建筑现象"既不同于西方的后现代，也与一般的第三世界国家的建筑现象迥异。西方的后现代主义是文化战争的产物，现代主义打倒古典主义，后现代主义则宣布现代主义于某月某日死亡。中国的"后现代"并非一场现代战争，它的多元混杂带有更大的宽容性。各种主义有时并非你死我活，而是兼容并蓄（当然有时也带来折中主义或者大杂烩式的城市景观，令人大为失望）。中国的城市由于带着东方文明古国传统文化的深刻烙印，它自然也不会混同于一般的第三世界的城市。中国的大多数城市都是如此，空间在历史与现实的叠加中变得更为复杂。不同时空状态下各种建筑思潮相互碰撞，也是中国当代文化状态的最真实记录。

在建筑界进行种种探索时，城市街上流行着商业味十足的快餐店、美发廊、精品店、夜总会、迪斯科舞厅等。这些或许出自非建筑师的作品，却在改变建筑史的书写。它们以花红柳绿的面貌令大众兴奋无比。以北京为例，北京古城中，在革命时代的广场周围，在改革时代的新建筑旁边，又增添了一批花花公子，经典的建筑风格被解构，北京城的矛盾性凸现出来，同时也显示出丰富性。

城市与建筑批评家史建曾概括了中国城市十年的十个关键性转变：1. 超大城市与城市群；2. 保护与再生；3. 旧区新生；4. 创意空间再生；5. 新都市人的诞生；6. CBD之梦；7. 新国家主义建筑；8. 速度城市；9. 郊区城市；10. 景观城市与生态城市[3]。在城市更新改造中，整个中国就像一个大工地，新建如雨后春笋，这就使中国城市与欧美城市不一样，不像欧美城市已经定型，中国城市的发展蕴含着各种可能性，中国的新建筑也正是在这种形势下对西方当代建筑思潮作出充满活力的回应。中国的当代建筑不是一种思潮，不是一种风格，而是新的情境中的生存选择。当然，在大规模的城市改造中，存在

的问题极多，无可挽回的败笔常常困扰着人们。但也正是这种困境中的探索，使中国当代建筑显示出顽强的生命力，也体现了特殊的魅力。德里达说过：建筑总体上凝聚了对于一个社会的所有政治的、宗教的、文化的诠释。中国当代建筑空间也具有这样的学术意义。

二、全球化与中国建筑发展

总的说来，在过去的13年中，中国的建筑业在经济欣欣向荣的背景下不断向前探索自己的发展道路，伴随着方方面面的发展契机，呈现出繁荣景象，充满着生机和活力。

中国正式加入世界贸易组织后，中国经济与世界经济逐渐融合，对国际资本产生极大的吸引力。经济的高速增长和更加开放的政策，使得中国的对外贸易量也在逐年稳步上升，据海关总署发布的资料统计，2008年中国外贸达25616.3亿美元，比上年增长17.8%。其中出口14285.5亿美元，增长17.2%；进口11339.8亿美元，增长18.5%。贸易顺差2954.7亿美元，比上年增长12.5%，净增加328.3亿美元[4]。2008年美国次贷危机引起的金融问题不断在全球蔓延，世界经济面临衰退的风险。中国经济增长面临十分复杂与严峻的局面。中国需要在复杂多变的国际、国内形势中，加快转变发展方式，调整产业结构，为可持续发展打下坚实的基础。中国的城市建设也将面临新的改变。

经过申奥前期的准备以及获得主办权后长达7年的建设，2008年8月8日至24日，北京举办了第29届奥林匹克运动会。2008年8月8日晚，在奥运会主体育场"鸟巢"绚丽的焰火中，中国当代建筑史翻开新的一页。"鸟巢"内的开幕式狂欢，同时也是北京当代建筑的盛大庆典。2002年至2008年，北京市用于奥运会相关的投资总规模达2800亿元，其中，直接用于奥运场馆和相关设施的新增固定资产投资约1349亿元[5]。据北

京奥运经济研究课题组专家提供的数据显示，北京"十五"期间的全社会固定资产投资将会以年均9%左右的速度增长，5年累计已达8500亿元左右。根据课题组的调查研究，建筑市场容量猛增的局面在"十五"期间表现将尤为突出。北京提出了"绿色奥运、科技奥运、人文奥运"的理念，在具体的奥运工程建设过程中，贯彻落实三大理念成为工程建设者的共识和必然要求。但是已经有专家指出，中国建筑业特别是北京建筑企业将面对奥运建设"高峰"与后期"低谷"的矛盾。由于奥运工程的带动在一定程度上会把北京2010年乃至更长一些时间的建设投资与建设项目"提前支出"，北京的建设高峰将被前移，后奥运阶段的"低谷效应"可能出现。这种情况在其他一些相关城市也会相应发生。

2010年第41届世界博览会在上海举办，以"城市，让生活更美好"（Better City, Better Life）为主题，"城市多元文化的融合、城市经济的繁荣、城市科技的创新、城市社区的重塑、城市和乡村的互动"为副主题，总投资达450亿人民币，创造了世界博览会史上最大规模记录。"历届世博会不仅成为人类前沿科技的展示场，而且激励着人类对未来美好生活的憧憬，而就建筑而言，更是建筑新思想的催化剂、建筑新理论的演示场、建筑新成果的竞技场。"[6]上海世博会能否成为探讨21世纪人类城市生活创造的盛会和新建筑实验的平台，也是建筑界最关心的问题。

2008年5月12日14时28分，汶川大地震使世界为之震惊。这是中国自1949年以来破坏性最强、波及范围最大的一次地震，地震的强度、烈度都超过了1976年的唐山大地震。极重灾区共有10个县（市），分别是四川省汶川县、北川县、绵竹市、什邡市、青川县、茂县、安县、都江堰市、平武县、彭州市；四川省、甘肃省、陕西省重灾区共有41个县（市、区）。8级强震下，无数建筑瞬间化为废墟。四川省有347.6万户农房受损，其中126.3万户需重建，221.3万户需维修加固，城镇住房有31.4万套需重建，141.8万套需维修加固。在巨大的灾难面前，全国同胞紧急行动起来，抗震救灾。中国建筑师规划师更是积极投身到灾后恢复重建工作中，各大建筑设计院、规划设计院、建筑学院成为灾后重建规划设计的主力。在民间，影响力较大的有"震后造家"、"土木再生"和"易居兴邦，家园再造"等活动。2008年地震灾害是对建筑师的一次发问。怎样进行灾后重建和如何设计出适应地震环境又具有美观实用的房屋等问题摆在了建筑师的面前。官方或非官方的关于灾后重建的设计竞赛以及建筑师对灾区房屋自发的设计规划，体现了建筑师们的人文关怀，也在一定程度上通过灾难的警醒作用对建筑师的设计理念产生了一定影响。灾后重建"给包括建筑师在内的知识分子获得了一个审视自身角色并进行自我组织的契机"[7]，"大灾在一定程度上为建筑师提供了重建价值观的契机，特别是从宏大叙事降低到微观叙事层面以及建筑本位的回归"[8]。

在中国建筑市场向国际迈进的同时，对于传统的认知也逐渐引起人们的注意。这不仅仅表现在对于传统建筑的修缮与保护，还表现在对于中国传统建筑系统的研究和借鉴，并延伸至对于具有重要文化意义和历史意义建筑的重视、保护与改建，如北京老城区胡同的成片保护与改造。产业类历史建筑及地段保护性改造再利用也已经成为中国城市发展中亟需解决的问题。

同时，更多的建筑师尝试新材料、新能源在建筑中的运用，绿色建筑、节能建筑开始受到越来越多的关注。这也是在全球范围内对环境问题思索导向下出现的新的发展趋势。建筑设计的手段逐渐走向多样化，其中最突出的是数字建构的发展。建筑师向科学领域进军，探索新的发展方向，借鉴生物、物理、计算机等各个方面的概念和研究方法，拓展了建筑和建筑师的定义范畴。

三、实验与超越

60年来，可以说是那些国营建筑设计院体制下的建筑师塑造了我们的城市与建筑。20世纪90年代以来，特别是2000年以后，有一批中青年建筑师开始对城市空间和建筑空间进行重新诠释。如果说20世纪80年代中国建筑界与当代艺术实验在发展程度上还有一段距离的话，那么到了21世纪，中国建筑界的实验建筑不论是在建筑空间和构筑形式，还是在观念、探索方面，都已经出现一些实例，突出了建筑的实验性，中国建筑创作呈现出多元探索的态势。

在建筑主流之外，还有一批青年建筑师进行着边缘与主流的对话，也从一个侧面体现了当代建筑的创造性与思维的多样化。他们的实验性建筑设计为当代建筑设计赋予了新的意义。在这批建筑师的工作中，设计与研究是重叠的，他们力图突破理论与实践之间的人为界限。虽然这些建筑师的实验性作品在庞大的中国建筑业中显得较为渺小，然而这些作品却表现了人们对于中国当代建筑空间及构筑形态独特性的新体验。中国的实验性建筑，与时下流行的西方后现代、解构主义建筑保持了距离。"它们试图在对建筑潮流保持清醒认识的基础上，以新的姿态切入东方文化和当下现实，以期发出中国'新建筑'的声音"。中国建筑的实验之所以不能像西方当代建筑实验那样具有更多的"独创性"，是因为中国的现代建筑发展不充分。但针对中国本土建筑现状所做的实验，在中国当代的文化背景下依然具有很重要的学术意义，所以这种历史性的努力还是值得肯定的。

关于实验建筑，《城市·空间·设计》杂志的"新观察"专栏曾推出系列讨论，史建、张永和、朱涛、朱剑飞、金秋野、王辉、王昀和阮庆岳等人针对中国1990年代以来的实验建筑现象作了精彩的论述。这样集中地探讨实验建筑问题，无疑对建筑界有很多启发。特别是张永和，他经历了20世纪80年代在美国的"非常建筑"时代、90年代中期以来在中国的"平常建筑"时代、2005年出任麻省理工学院（MIT）建筑系掌门人的"国际张"时代，眼界开阔，提供了另外一个视野，文章简练而有机锋，一看就有国际范儿。但是这一系列讨论却也暴露了有些建筑师的先天不足——对中国现当代建筑史研究不太重视，缺乏历史的维度。若论实验建筑的渊源，应该从童寯、汪坦、冯纪忠这些被边缘化的建筑界学者谈起。像童老的西方近现代建筑史介绍对中国20世纪七八十年代的现代建筑启蒙起到决定性的作用，汪坦先生关于现代建筑理论的研究影响了一代人。20世纪80年代有点像五四时期，是中国新文化复兴的时期。建筑处于走在最前沿、又走在最后的状态。一方面1970年代末、1980年代初，中国建筑界对西方现代主义建筑、后现代主义建筑有比较多的研究。当时哲学界、美术界、文学界对后现代主义的研究借鉴了中国建筑界的学术成果。另一方面，当时的建筑创造又是滞后的，在1980年代，建筑创造几乎是个空缺。那时的建筑界状态是官方建筑师占据主流的地位，民间学术力量还处于边缘。在建筑界的早春年代，除了上述老先生的学术活动外，值得一提的是"中国当代建筑文化沙龙"把中青年建筑批评家聚集在一起，做了不少活动。正是有了这样的学术基础，20世纪90年代中期，我和饶小军提出"中国实验建筑"的概念，并于1996年5月组织了中国青年建筑师对话会，这是中国第一次讨论实验建筑的会议。1999年世界建筑师大会上，我策划了"中国青年建筑师实验作品展"，虽然那个展览规模很小，但是它标志着中国实验建筑师的正式亮相。1999年做展览的时候，实验建筑师还处于受压制的状态，很多老一辈建筑师对青年建筑师的作品（主要是方案）表示怀疑。但是发展很快，到了2002年，中国的实验建筑师就成了社会各界、尤其是媒体追捧的对象。此后，中国实验建筑开始由边缘走向主流，一些实验建筑师成为明星建筑师，风光无限。而我,对这样的建筑师也就没有太大的兴趣了。艺术家顾德新在1989年曾说:"中国艺术家除了没有钱,没有大工作室,什么都有,而且什么都是最好的。"我想,"现在呢,中国艺术家除了有钱,有大工作室,什么都没有了。"希望我们的建筑师不是这样的情况。21世纪的中国建筑师,条件很好,做出最当代、最时尚的建筑,可是我不知道这十几年到底有多少当代作品能留在社会公众的记忆中,能留在建筑史上。

如何从设计思想的角度认识当代中国建筑,建筑历史学者朱剑飞说:"我们也许可以从经济的角度、城市的角度、住房的角度去理解当代中国建筑。在建筑学的讨论中,我们无法回避的一个核心问题是如何从设计和设计思想的角度去理解分析当代中国建筑。从表面上看,当代中国建筑似乎包含了许多现象,如'实验建筑'的出现,建筑师对理论和'建构'设计的兴趣,全球一体化的冲击,海外建筑师的涌入,海外对中国建筑的报道,海外或西方建筑自身所谓'解构'和'新现代主义'的发展,以及最近关于'批判性'与'后批判性'的讨论等等。这些现象之间有什么关系?我们如何从整体上结构性地把握同时涉及这些线索的当代中国建筑?对这个大问题的回答需要许多研究工作和跨时间跨国界的洞察。"[9]

建筑学者朱涛在"'建构'的许诺与虚设——论当代中国建筑学发展中的'建构'观念"这篇文章中对中国的实验建筑提出了自己的看法:"所有这些全球化的、全方位的文化、技术的冲击是建立在农耕文明、或工业化初期文明上的建筑工艺传统所根本无力应对的。而在这种紧迫的文化现实中,当代中国的实验性建筑师似乎仍秉持着一种类古典主义的文化理想——即力图在建构文化的普遍性和特定性的文化冲突之间努力调停,幻想在当代的文化语境中,达到现代主义设计文化与中国本土传统文化的高度整合,从而在当代世界建筑发展中获得一种独特的文化身份——其艰难程度是可想而知的"。[10]

诚然,对中国的实验建筑的论争,仁者智者,见解不一。就

在人们对中国实验建筑众口纷纭的时候,2012年2月28日,普利兹克建筑奖暨凯悦基金会主席汤姆士·普利兹克宣布,中国建筑师王澍获2012年普利兹克建筑奖。普利兹克建筑奖评委会主席帕伦博勋爵引用今年获奖评审辞来说明获奖原因:"讨论过去与现在之间的适当关系是一个当今关键的问题,因为中国当今的城市化进程正在引发一场关于建筑应当基于传统还是只应面向未来的讨论。正如所有伟大的建筑一样,王澍的作品能够超越争论,并演化成扎根于其历史背景、永不过时甚至具世界性的建筑。"[11]王澍是中国实验建筑的代表人物,他的获奖是世界建筑界对中国实验建筑的肯定。中国建筑师通过实验性作品探讨如何解决中国城市发展中面临的难题,完全有可能走出一条跟西方建筑师完全不同的路,促使人们对21世纪建筑如何发展有一个新的历史思考。

原来中国建筑师觉得普利兹克奖离我们非常遥远。以前大家对普利兹克获奖得主都是仰视的,觉得他们是高不可攀的大师。但是没想到我们身边的朋友、我们的建筑师得奖了,所以颇感意外。但是值得说明的是,王澍的获奖是水到渠成的事。因为王澍对中国城市和建筑发展有很系统的理论,他的建筑实践也能支撑他的理论。目前世界上有自己建筑理论的建筑师非常少,至于中国当代的建筑师就更缺乏理论了,大都没有自己的设计思想。而王澍的思考已经形成了自己的体系,在理论上他有自己的认识和自己的建构,这点是至关重要的。建筑师不到50岁,就算年轻建筑师,49岁的建筑师王澍是普利兹克获奖者中最年轻的几位之一。不少普利兹克的获奖者是老先生,走不动路了,是追认的荣誉奖。这次给中国新一代建筑师颁奖,说明普利兹克奖关注年轻建筑师,关注东方实验建筑,普利兹克奖评委会是有学术眼光的。

青年学者金秋野不久前撰文写道:"迄今为止,王澍在其并不漫长的职业生涯中,已经留下了大量的建成作品。把这些建筑放在一起来看,能够揭示出的问题,远远超过此前国内建

筑学界关怀的范畴。在国际上，这些作品受到越来越多的关注；而在国内，人们的态度可以说相当两极化。"[12] 建筑学者周榕指出：2012 普利兹克奖在中国也难以再现对日本现代建筑曾起到过的巨大的范式推动作用。尽管如此，普利兹克奖授予中国建筑师，对于颠覆"进化语境"，消释中国当代建筑师的"现代性焦虑"仍然功莫大焉。后普利兹克时代，中国建筑界对本土思想资源的重视和挖掘热潮或将再度开始，本土与舶来之间有可能达成"形式和解"，中国建筑的新范式，将在一个混融彼此、充分杂交的新建筑生态环境中自组织浮现。[13] 尽管王澍获奖，可是并不能说中国建筑师在国际建筑界已经有了很重要的地位。这仅仅是开始，仅是一个启示：中国的城市怎么发展？中国的建筑怎么发展？过去我们几乎亦步亦趋的跟着西方建筑风格走，而王澍对中国的建筑和城市有很独特的思考，又对中国的营造技术和中国的传统建筑有很深的理解，同时他也对当代城市的发展和建筑的实验非常关注。他思考了一条独特的中国建筑发展道路，这对整个国际建筑界也有很多的启迪作用。

百年世界建筑的历史几乎可以说是一部实验建筑的历史，1960 年以来的建筑发展更是如此。严肃的建筑史不会花很多篇幅去记载商业性建筑设计事务所的作品，而是对实验性建筑给予更多的肯定。在中国，实验性建筑作品虽然不多，但它的生命力已经充分显示出来。对中国实验性建筑的学术价值如何看待呢？英国的艺术史家贡布里希（E.H.Gombrich）曾说："人们写航空史大概能一直写到当前，写艺术史能不能也'一直写到当前'呢？许多批评家和教师都指望而且相信人们能够做到，我却不那么有把握。不错，人们能够记载并讨论那些最新的样式，那些在他写作时碰巧引起公众注意的人物，然而只有预言家才能猜出哪些艺术家是不是确实将要创造历史，而一般说来，批评家已经被证实是蹩脚的预言家。可以设想一位虚心、热切的批评家，在 1890 年试图把艺术史写得'最时新'。即使有天底下最大的热情，他也不可能知道当时正在创造历史的三位人物

是凡高、塞尚和高更……与其说问题在于我们的批评家能不能欣赏那三个人的作品，倒不如说问题在于他能不能知道有那么三个人。"[14] 也许现在的情况也是如此，中国还有许多实验建筑师，我们的建筑批评家并不知道他们的名字。在中国，实验性建筑虽然还处于探索阶段，但他们的建筑实践已经显示出学术价值和社会价值，显示出超越的可能性，历史有可能是由他们创造的。

注释 NOTE

1 南香红 . 涪陵：老城的最后容颜 [N]. 南方周末，2002，12，16.

2 李翔宁 . 权宜建筑——青年建筑师与中国策略 [J]. 时代建筑，2005，6.

3 史建 . 中国城市十年的十个关键性转变 [N]. 周末画报·史记（1998-2008）.

4 数字来源于新华网 2009 年 1 月 13 日公布海关总署２００８年我国对外贸易进出口情况统计

5 林云霞 . 区域性房地产市场过热的成因及其对策 [J]. 中国房地产金融，2003，7.

6 张志成 . 浅析上海世博会与建筑 [J]. 建筑教育研究，2010，9.

7 冯果川、朱烨 . 大平台与小分队——灾后重建的两种民间模式比较 [J]. 城市中国，2008，9

8 姜珺 . 建筑本位之回归——张永和谈震后中国建筑启示录 [J]. 城市中国，2008，9.

9 朱剑飞 . 如何从设计思想的角度认识当代中国建筑？ [J]. 城市 空间 设计，2009，5.

10 朱涛 . "建构"的许诺与虚设——论当代中国建筑学发展中的"建构"观念 [J]. 时代建筑，2002，5.

11 参见普利茨克官方网站

12 金秋野 . 论王澍，兼论当代文人建筑师现象、传统建筑语言的现代转化及其他问题 [J]. 建筑师，2013，1.

13 周榕 . 后普利茨克时代的中国建筑范式问题 [J]. 城市 空间 设计，2012，2.

14 (英) 贡布里希 . 艺术发展史 [M]. 范景中译 . 天津：天津人民出版社，1991.

第一章
中国中青年建筑师的当代营造
一、本土中青年建筑师的探索

中青年建筑师是推动中国当代建筑发展的主要力量，这些一直立足本土的建筑师接受了建筑理论、设计的系统教育，同时，亦研究了中国的建筑现状，关注中国的建筑问题，并在实践中不断思索、发现，探寻解决的方法，同时他们身处于全球化的背景下，在中西方文化、思潮、建筑潮流的交融中通过探索，逐渐走出了一条不同于传统设计模式的创新道路。他们对建筑的反思，也是对中国建筑新的发展方向的思考。尤其在对中国传统建筑的借鉴上，他们的实践活动有着特殊的意义。

由于他们的创新精神和敢于尝试的勇气，新一代建筑师给21世纪的中国建筑注入了新鲜的血液。这一方面表现在他们开始更多地关注社会和城市层面的问题，在实践中努力解决由于经济快速发展使人口在城市区域过度的聚集、旧的城市规划和新的城市发展状况之间的矛盾等问题。同时，有越来越多的青年建筑师走上独立创业的道路，成立自己的建筑工作室或事务所。这种工作的"单元"使他们有更多的自由空间进行建筑方面的创新和实验，而相对来说小项目、小成本的建筑设计往往更容易从中得到经验，发展风格，体现建筑师自身的更多思考。

在中国建筑的现代化之路上，有两个命题，那就是"中国建筑的现代性"与"现代建筑的中国性"。这两个命题关系到中国建筑现代化方向，分别指向两条不同的道路。"中国建筑的现代性"是一个时间命题，而"现代建筑的中国性"则可被视为是一个空间命题。前者由传统切入现代，而后者由现代切入地域传统，两者表面看来可能有类似之处，但基础却不同。这两个命题的关系也牵连到中国传统建筑风格和现代建筑如何融合的问题。传统代表中国建筑风格，现代代表西方建筑风格。中国建筑是非物体的、空间吸纳包围的、不可画的、破坏透视规律的；西方建筑是物体的、空间外扩的、可画的、符合透视规律的。[15] 在这个问题上，青年建筑师的探索之路或许有所不同，这也同他们各自的教育背景、经历相关。海外归来的建筑师和完全本土的建筑师在考虑问题的出发点和解决问题的手段上虽然没有出现完全的分别，但细微之处仍存在差别。但在实践的交流中，有趋同的趋势，同时对城市与建筑关系问题近来都成为他们共同关注的问题。

在国内接受建筑设计系统教育并一直在国内进行建筑实践的建筑师们，对于本土建筑的情况和问题有更加直接的认识，而作为中青年建筑师，在他们的建筑实践中，他们把眼光更多投向在传统中探索创新之上。特别是在传统与现代的结合、建筑与当地实际的结合方面，他们的建筑创作活动是脚踏实地的、质朴的，同时也充满实验的智慧。李翔宁认为："正在走向成熟的中国青年建筑师熟悉西方建筑的特点和潮流，同时又能够深刻地理解中国的现状与局限，从而发展出一套'权宜'的建筑策略（有时或许并非情愿）：'权宜建筑'不是对现实的妥协，而是一种机智的策略，是在建筑的终极目标与现实状态间的巧妙平衡；'权宜建筑'不是对西方建筑评判标准的生搬硬套，而是对自身力量和局限的正确评价；'权宜建筑'不逞劳而无功的匹夫之勇，而是采取'曲线救国'的迂回战术；'权宜建筑'不是盲目追求'高技'的炫目，而是充分重视力所能及的'低技'策略；'权宜建筑'可以曲高和寡，但更重视能够实现的操作性；'权宜建筑'可能不是最好的，但绝对是最适合中国的……"[16]

中国美术学院象山校区，浙江

2001~2007 年间，王澍和他所主持的"业余建筑工作室"设计了中国美术学院象山校园一期工程和二期工程。在选址上，中国美术学院没有选择进入中国时下流行的政府组建的大学园区，而是选址在杭州南部群山的东部边缘，一块依山傍水的地。象山北侧是校园的一期工程，于 2001 年设计，2004 年建成，是由 10 座建筑与两座廊桥组成的建筑群，建筑面积为 6.5 万 ㎡。象山南侧的校园二期工程于 2004 年设计，2007 年建成，由 10 座大型建筑与两座小建筑组成，建筑面积近 8 万 ㎡。象山校园呈现为一系列"面山而营"的差异性院落格局，让人联想到中国传统园林院落式的大学建筑原型。建筑群随山水扭转偏斜，场地原有的农地、溪流和鱼塘被小心保留，中国古代园林的诗意与空间语言被转化为大尺度的淳朴田园。传统中国山水绘画的"三远"法透视学和肇始于西方文艺复兴的一点透视学被糅合，平坦场地被改造为典型的中国江南丘陵地貌。校园的建筑都呈现出面对山的方向性，对"园林"的理解在象山南侧的校园二期工程中表现得尤为到位。由于造价被控制得很低，整个校园建筑的

结构形式选用这里最常见的钢筋混凝土框架与局部钢结构加砖砌填充墙体系，但建筑师利用这种体系，大量使用这里便宜的回收旧砖瓦，并充分利用这里大量使用的手工建造方式，将这一地区特有的多种尺寸旧砖的混合砌筑传统和现代建造工艺结合，形成一种隔热的厚墙体系。超过 700 万片不同年代的旧砖瓦被从浙江全省的拆房现场收集到象山，这些被作为垃圾抛弃的东西在这里被循环利用，并降低了造价，体现出一种不同的中国建筑营造观。山边原有的农地、河流与鱼塘原状保留，只作简单修整，清淤产生的泥土用于建筑边的人工覆土，复种了溪塘边的芦苇。在转塘这座已经完全瓦解的城市近郊城镇中，新校园重建起一个具有归属感的中心场所，使地方建造传统得以有效接续。[17]

中国美院象山校区不愧为中国最大规模的建筑实验场，其营建方式和王澍、陆文宇的宁波实验一样体现了中国建筑"循环建造"的特点。中国美院象山校区的规划与设计在当代建筑美学叙事中重新发现中国传统的空间概念，并诠释出园林和书院的精神。对来自浙江省拆房现场的旧建筑材料砖头、瓦片、石头

N

总平面

项目名称：中国美术学院象山校区
地点：浙江省杭州市转塘镇中心象山北
主要设计人：王澍、陆文宇
设计单位：业余建筑工作室、中国美术学院建筑营造研究中心
设计时间：2001 年
竣工时间：2007 年
建筑面积：6.5 万 m²（一期）；约 7.8 万 m²（二期）
摄影：吕恒中、王澍、陆文宇

的使用，正是中国建筑之"循环建造"，又是对当下城市大规模拆迁改造的回应。特别是王澍通过多年来对中国当下最普通建筑的体会，制定了简单的技术原则，让工匠们用他们所熟悉的方式去创造。王澍认为中国建筑文化真正根源性的东西正是掌握在这群最普通的人手中。王澍的象山校园设计探索了如何在一个瓦解的郊区城镇重建有根源的场所，如何让中国传统与山水共存的建筑范式活用在今天的现实，如何以一种书院式的场域重塑今日大学的学院精神，如何坚持就地取材、因地制宜，以非常低廉的造价和快速建造体会中国本土的营造方式，如何为根源丢失的中国城市建造走出一条重建文化差异之路。这是极为有价值的建筑思想。

王澍 1963 年出生于新疆，在西安生活；1985 年毕业于南京工学院（现东南大学）建筑系，获学士学位；1988 年毕业于东南大学建筑研究所，获硕士学位；2000 年毕业于同济大学建筑城规学院，获博士学位。1997 年在杭州创立了"业余建筑工作室"，现任中国美术学院建筑艺术学院院长、教授。作为一个长期致

力于中国传统建筑向当代建筑语言转化的建筑师，王澍致力于将当代艺术、人文思考、建筑学、特别是建筑的营造问题铸为一体，针对当下中国建筑学科所面对的社会问题，把强调社会学的"城市营造"，反思人文价值的"建筑艺术"和致力于中国本土建筑学复兴的"历史建筑与造园学"作为若干线索，以批判的地域性视角进行了大量有针对性的建筑语言探索及建筑创作实践，范围涉及公共建筑、大学校园、集合住宅、造园、传统城市街区的保护与更新及当代艺术装置展览等。王澍也是当今中国少数不仅活跃于建筑界也直接介入当代艺术活动的建筑师，相继参加 1999 年第 20 届世界建筑师大会"中国青年建筑师实验建筑展"（北京），2001 年"变更通知——中国房子五人建造文献展"（上海顶层画廊），2001 年德国柏林依德斯美术馆"土木——中国新建筑展"，2006 年其作品"瓦园"在第 10 届威尼斯建筑双年展中国国家馆展出。2010 年作品"衰朽的穹隆"获第 12 届威尼斯建筑双年展特别奖，2011 年获法国科学院建筑学院金奖，2012 年获普利茨克建筑奖。

1 | 3 4   1 一期校园图书馆入口小广场
2 | 5   2 水平的瓦作密檐强化了建筑群的水平趋势
　　　3 木窗细部
　　　4 一期教学楼
　　　5 二期校园

| 1 2 | 5 |
| 3 4 | |

1-2 一期教学楼庭院与连接象山的廊桥

3 二期走廊光影效果

4 二期15号楼西侧院

5 14号楼与渔塘连接的内院

鹿野苑石刻博物馆，四川

鹿野苑石刻博物馆是刘家琨的作品，位于四川成都郫县新民镇云桥乡府河河畔，实际地貌为河滩野地。"鹿野苑"来自于梵语，意为仙人居住之处，是对场所的精神表达。"由于收藏的内容是一些传奇，所处的位置又是一片河滩野地，从情感判断上自然会感到必须离日常生活远一些，因此居民的元素被放弃了，而堤坝、遗迹一类的意象却挥之不去。"[18] 为了营造"传奇色彩"，设计把在园区之间穿行的小路在沿途架起，在保持荒地自然状态的同时，在场地与观者之间产生距离感，从心理体验上接近传奇。其中一条坡道的下面是自然状态莲池，莲花是佛教的象征，呼应场所精神。

博物馆的藏品主要以石刻为主，因此在建筑设计中表现"人造石"的故事是设计者对主题的一个延续。而这一个延续是通过选择以清水混凝土为主要材质、对石材的特殊加工来完成的，如手凿毛、冲刷露骨料等。针对当地低下的施工技术以及事后改动随意性极大的情况，采用"框架结构、清水混凝土与页岩砖组合墙"这一特殊的混成工艺，利用组合墙内层的砖作为内模以保证混凝土浇筑的垂直度，同时成为"软衬"以应付事后的开槽改动等。整个主体部分清水混凝土外壁采用凸凹窄条模板，形成明确的肌理，增加外墙的质感。同时，粗犷而较细小的分格可以掩饰由于浇筑工艺生疏而可能带来的瑕疵。按建筑师的话说，他希望找到一种方法，它既在当地是现实可行、自然恰当的，又能够真实地接近当代的建筑美学理想。

空间布局上，从博物馆二层入口进入，通过高而陡的台阶下到一层，反经验性营造了"探秘"的心理氛围。二层高的中庭被展厅环绕，展厅朝向中庭的墙面按外墙处理，使中庭产生了灰空间的意味。采光利用缝隙光，天光或壁面反射光。河流与风景从缝隙中间接的透入。

刘家琨是一位出色的实验建筑师，1956 年出生于四川成都，1982 年毕业于重庆建工学院，后在成都市建筑设计研究院工作；1984 至 1985 年在西藏工作；1987 年至 1989 年，被借调至四川省文学院从事文学创作；1990 到 1992 年在新疆工作；1999 年成立家琨建筑设计事务所。主要作品包括艺术家工作室系列、四川美院雕塑系、鹿野苑石刻博物馆等。曾参加首届梁思成建筑设计双年展、中国房子——建造五人文献展、德中文化年"土木——中国青年建筑师展"、法国蓬皮杜中心举办的中法文化年——中国新建筑等展览。曾获得亚洲建筑师协会荣誉奖、中国建筑艺术奖、建筑实录中国奖、远东建筑奖等，曾参展 2008 年第 11 届威尼斯建筑双年展中国馆和参加 2008 年汶川地震灾后重建工作，并开发出利用震后废弃材料制作的"再生砖"。

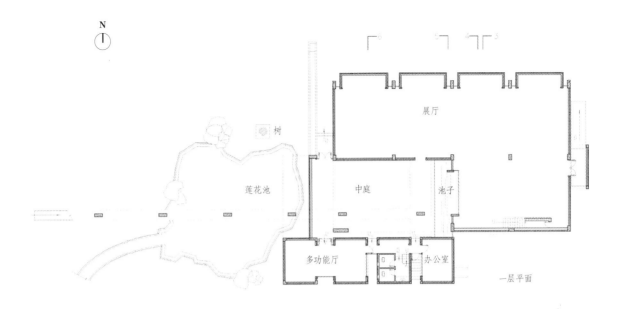

N

树

莲花池

展厅

中庭

池子

多功能厅

办公室

一层平面

项目名称：鹿野苑石刻博物馆

地点：四川省成都市郫县新民镇

建筑设计：刘家琨、汪伦

结构设计：赵瑞祥

设计单位：家琨建筑设计事务所

设计时间：2001年2月~2001年6月

施工时间：2001年6月~2002年7月

建筑面积：1 100 m²

基地面积：6 670m²

业主：湘财证券工会

材料：钢筋混凝土、页岩砖、卵石、青石、玻璃、钢铁

图片提供：家琨建筑设计事务所

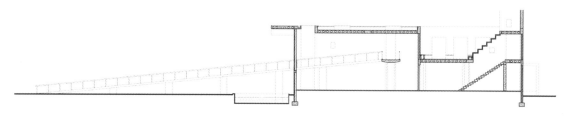

剖面图 1-1

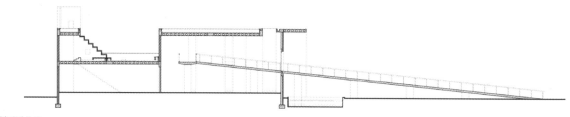

剖面图 2-2

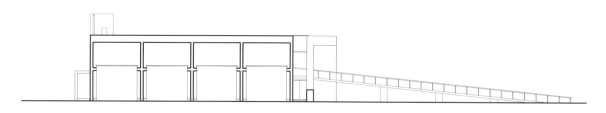

北立面

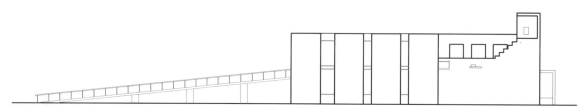

南立面

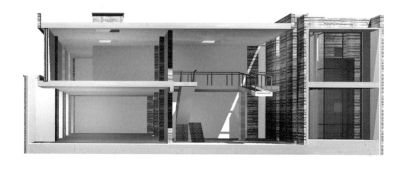

1 | 4　1 剖面图
2 | 　　2 立面图
3 | 5　3 透视效果
　　　　4 室外景观
　　　　5 室外

1		1 透视效果
2	3	2 展厅
		3 中庭

二层平面

天津大学冯骥才文学艺术研究院，天津

　　研究院位于天津大学青年湖畔，其功能分为文学研究与艺术展览两个主要部分。设计结合校园环境，以大尺度的方形院落将主体建筑及保留大树围建其中，力求营造出宁静的书院意境。院墙上形状、大小各异的开洞打破了院墙的厚重感和封闭感，有选择地形成了院内空间与周边开放空间的沟通，与周边保留下来的树木与西侧的湖景产生互动。

　　建筑的主入口设在架空层的西侧，进入后半层高的位置，一整面超比例的落地长窗把建筑西侧湖景尽收眼底。三层中厅本色的集成木条自下而上，并覆盖了整个右侧的墙面和屋顶。自然光经过细密木条的间隙透入中厅。黑色大理石的楼梯贯通上下，楼梯下面作为展厅的储藏空间，上面有一个偏置的栏杆，把

它分成台阶和坐凳，也成为一个阶梯教室。外墙的材料、色调、院子里的铺地（青砖、瓦片、木板）三种材质，质朴且表达出一些与传统意境的融汇。

　　周恺，1962年出生于北京，1988年毕业于天津大学建筑系，获硕士学位。1990~1991年在德国鲁尔大学建筑工程系进修，1995年至今任天津华汇工程建筑设计有限公司总建筑师、天津大学建筑学院兼职教授。主要作品有：天津财经大学主教学楼、天津大学冯骥才文学艺术研究院、南开大学陈省身教学楼、天津师范大学艺术体育教学楼、中国工商银行天津分行、北川抗震纪念园等。

建筑名称: 天津大学冯骥才文学艺术研究院

地点: 天津市南开区

设计团队: 周恺、王鹿鸣、史继春等

设计单位: 天津华汇工程建筑设计有限公司

结构设计: 左克伟等

设计时间: 2001 年

竣工时间: 2005 年

建筑面积: 6 370m²

图片提供: 天津华汇工程建筑设计有限公司

首层平面

首层夹层平面

二层平面

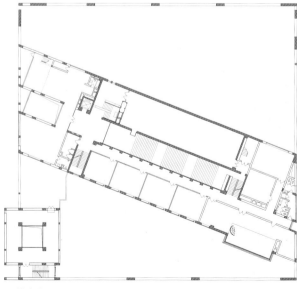

三层平面

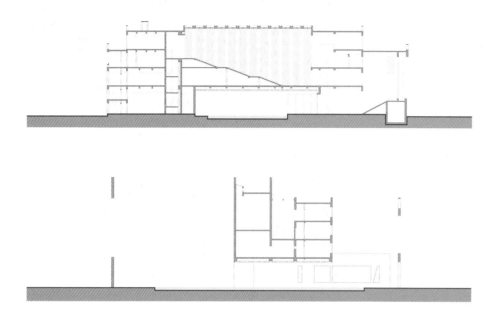

1 | 3 4   1 剖面图

2 | 5 6   2 庭院

3 分析图

4 大跨度空间不见一根柱子

5 室内

6 从冯先生工作室门前平台回看中庭

清水会馆 + 清水会馆后花园，北京

　　坐落于北京昌平小汤山的清水会馆是一整套独特的建筑，是对"动境、意境、化境"的追寻。建筑师在设计中融入了研究中国园林乃至中国传统文化的体会，形成了一种特别的空间安排方式，体现了中国传统园林的韵味。同时作为院落的组成部分，各个建筑单体又具有西方建筑精准造型的特征，表达了建筑师对建筑背后文化意味的探寻和思索。

　　会馆最突出的特点是它的材料，全部的红砖在一种简单统一之下给人以强烈的视觉冲击。建筑以砖作为结构，也以砖作为装饰材料。以砖垒成构成院落主体的墙，也通过砖的排列，做成地面、墙面的花纹，还通过不同的堆砌方式空出墙间的缝、墙上的洞，在建筑和院落间营造出光影流动的美感。

　　在整个院落的平面规划上，建筑师营造了一个园林式空间分隔。会馆狭长的封闭车道，是把人们引向院落空间的"开幕"，是中国传统园林营造过程中的先抑后扬，为院落空间的展开营造了一个心理上的"场"。在车道旁的三圆叠合，通过砖的垒砌，在两层墙体上镂出了三个叠合的圆，效果类似于中国园林中的花窗，让院的景色透过视线经过遮挡的墙体延伸出来。

　　穿过车道尽端的窄小入口以及槐树营造的天然低矮空间，

抑的部分到此为止，院落"豁然开朗"地展现在人们眼前，层层展开。计成在《园冶》里的"借景"说，体现在大大小小院落之间以及院落与建筑之间的交相辉映。每个院落的面积不一，主题不同，各自独立，但又统一在用红砖砌就的空间之内。

　　水也是组成院落的一个重要元素。从进入庭院空间后的水院，到四水归堂，到环水方厅，甚至是清水会馆建筑的落水口，它们不仅仅满足功能需求，改变了庭院平面的动线和院落空间分隔。更重要的是建筑师通过它们找到一种关系的连接，在水与建筑之间，建筑与环境之间。

　　董豫赣 1967 年出生于北京，先后就读于西北建筑工程学院、清华大学、中国美术学院，现为北京大学建筑学研究中心副教授。著有《极少主义》、《文学将杀死建筑》，主要建筑作品有水边宅、祝宅、清水会馆、红砖美术馆等。他坚持建筑的思考和中国园林的研究，在设计及建造过程中呕心沥血，使建筑实验有了新的参照点。他从学习西方现代建筑入手，又对中国园林深入研究，领悟到中国建筑价值系统的意义。他认为建筑应该和一些非常基本的东西有关，也许现在的中国建筑缺少的就是这种朴素。他的作品就是力图找到这样一种基本的朴素的东西。

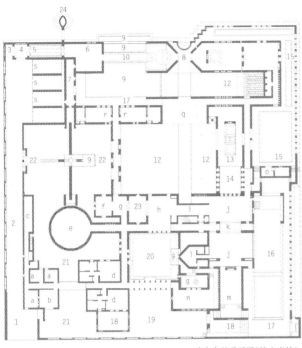

清水会馆平面图(填充实墙)

项目名称: 清水会馆
地点: 北京市昌平区
面积: 2 000m²
设计: 董豫赣+百子甲壹工作室(许义兴、林春光、贺春燕)

项目名称: 清水会馆后花园
地点: 北京市昌平区
设计: 董豫赣 + 王磊、石磊、万露、方海军、袁涛、张翼

摄影: 黄居正、万露、曾仁臻、苏立恒

1 大门	10 管桥	19 兰院	d 老人卧	m 影院
2 车道	11 书院	20 环水方庭	e 中餐	n 书画
3 佛龛	12 桐院	21 红果院	f 厨房	o 泵房
4 四面微风	13 杏院	22 合欢院	g 早餐	p 书房
5 槐序	14 灯笼院	23 丁香园	h 西餐	q 散厅
6 方园	15 香槐院	24 炮楼	i 备餐	r 客房
7 藤井	16 游泳池	a 工人	j 客厅	s 车库
8 四水归堂	17 平台	b 机房	k 酒窖	
9 水池	18 小院	c 洗晒	l 洗手	

客房走廊

园厅

夏雨幼儿园，上海

夏雨幼儿园的基地位于青浦新城区的边缘，从大的地域特征来看，青浦是上海周边几个卫星城镇中仍然保留着一些江南水乡民居的区县之一。但青浦新城区完全是在一片农田中建设起来的，与青浦老城区有着相当的距离，因此幼儿园所在的区域已经丝毫感觉不到地方建筑所能给予的影响，倒是基地东侧的高架高速公路及西侧的河流对设计产生了决定性的影响。高架与高速公路是潜在的废气和噪声源，但也提供了以不同的视高和在不同速度的运动中来观察建筑的可能。河流是良好的景观资源，但也须考虑儿童的安全防护及建筑在水边的姿态。

因此，幼儿园的设计强调"内"、"外"有别，通过边界的确立来适度隔离"内""外"，创造出"内""外"的差异。内部领域是受保护的，而外部环境是被筛选的。

幼儿园总共有 15 个班级，每个班都要求有自己独立的活动室、餐厅、卧室和室外活动场地，在给定的狭长的用地内，排列开来就是非常长的一条。就既定的基地而言，一个柔软的曲线型边界可能会比直线更容易和环境相融合，于是 15 个班级的教室群和教师办公及专用教室部分被分为两大曲线围合的组团，分别围以一实一虚的不同介质，班级教室部分的曲线体是落地的实体涂料围墙，办公和专用教室部分是有意抬高并周边出挑的 U 型玻璃围墙。

在班级单元的设计上，活动室因为需要和户外活动院落相连而全部设于首层，卧室则被覆以鲜亮的色彩置于二层，卧室间相互独立并在结构上令其楼面和首层的屋面相脱离，强调其漂浮感和不定性，这种不定性以及恰当尺度的相互分离导致一种看似随意的集聚状态，空间产生张力。每三个班级的卧室以架空的木栈道相连，这些卧室如依依不舍的村落般友好和亲切。

当高大的乔木植入各个院落，建筑在空中被化解，而最终的建筑形象也因这些树木而生机勃勃，两者相得益彰，共同栖息在这狭长的小河边。

大舍建筑设计事务所于 2001 年成立于上海，事务所合伙人柳亦春和陈屹峰分别出生于 1969 年和 1972 年，均毕业于同济大学建筑系。主要作品包括杭州良渚玉鸟流苏商业街坊、上海青浦新城区夏雨幼儿园、青浦私营企业协会办公与接待中心、江苏软件园吉山基地 6 号地块等。"青浦夏雨幼儿园"获 2006WA 中国建筑奖优胜奖。曾参加 2002 年"都市营造"上海双年展、2005 年"城市，开门"深圳城市 / 建筑双年展、2008 年"建筑乌托邦"中国新锐建筑事务所设计展、2009 年中国当代建筑展等。

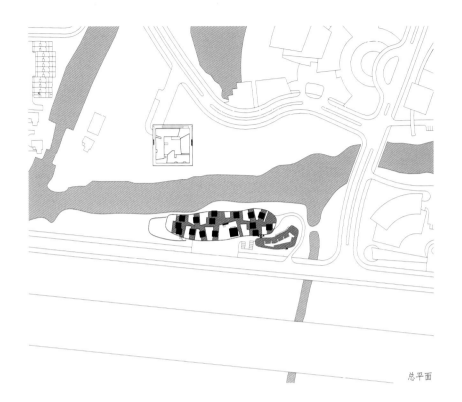

总平面

项目名称: 夏雨幼儿园
地点: 上海青浦区华乐路
设计单位: 大舍建筑设计事务所
建筑设计: 陈屹峰、柳亦春、庄慎
建筑面积: 6 328 m²
设计时间: 2003 年 8 月~2004 年 4 月
竣工时间: 2005 年 1 月
材料: 穿孔铝板、涂料、U 型玻璃
施工单位: 上海凤溪建筑有限公司
图片提供: 大舍建筑设计事务所

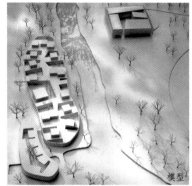

模型

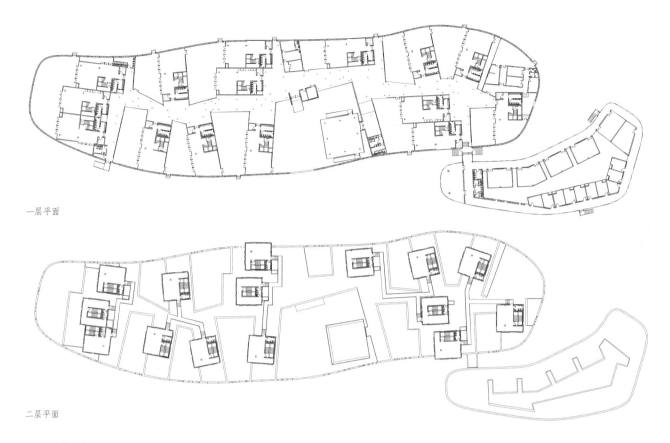

一层平面

二层平面

1 | 3 4　1 平面图
2 | 5　2 东侧外观
　　　3 西侧外观局部
　　　4 西北侧外观
　　　5 二层外部空间

东立面

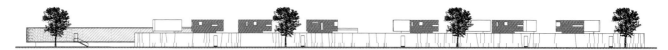

西立面

剖面

<table>
<tr><td>1
2
3
4</td><td>5</td></tr>
</table>

1-2 立面图

3 剖面图

4 二层外部空间

5 内院空间

江北嘴招商大楼，重庆

重庆江北嘴招商大楼地处嘉陵江畔，场地对面是渝中半岛，西邻黄花园大桥。基地地形为陡峭的斜坡，不容易建设。综合周边环境因素以及对重庆传统地方民居的考虑，设计巧妙地通过重庆传统吊脚楼的建筑形式把基地的南北落差转化为建筑的独特个性。建筑主体通过细长的柱子架空于地表，在最大限度地忠实于原地地貌特征的同时也保证了城市空间的开放性和连续性。

建筑基地南面沿嘉陵江展开的是大尺度的山城景观，与之相呼应，设计沿大桥方向设置南北错开的方院，并将院落空间与坡地景观相融合，以取得与城市性格相应的尺度感。这种"院落"式的空间组织形式，把建筑本身内向的开放性和外向的完整性统一于一体，形成了一个既完整又灵活多变的立体院落式空间。

建筑主要入口设于北广场，机动车可由大桥的匝道引入，再通往场地东面道路进地库。建筑由下至上分别是招商、办公和屋顶观景区。建筑西侧紧邻大桥，格栅窗的运用有效地避免了嘈杂和西晒。南北面视野辽阔，大块落地窗的运用有效地解决了室内的采光和观景问题。

汤桦1959年生于四川成都，重庆大学（原重庆建筑工程学院）建筑学硕士，重庆大学建筑与城市规划学院教授，深圳市城市规划委员会建筑与环境艺术委员会委员。1982年至今分别工作于重庆大学、香港华艺设计顾问（深圳）有限公司、深圳华渝建筑设计公司和深圳中深建筑设计有限公司，2002年在深圳成立汤桦建筑师事务所。代表作品有成都贝森总部办公楼、重庆大学虎溪校区图书馆、重庆江北嘴招商大楼等。

总平面

项目名称: 江北嘴招商大楼

地点: 重庆江北 CBD 中央商务区

方案设计: 汤桦、胡铮、王蕾、黎立明

设计单位: 深圳汤桦建筑设计事务所有限公司

设计时间: 2006 年

竣工时间: 2007 年

占地面积: 14 480 ㎡

建筑面积: 10 387 ㎡

建筑层数: 2~5 层

楼层高度: 4.2 m~5.5 m

项目造价: 2 100 万

业主: 重庆市江北城开发投资有限公司

摄影: 汤桦

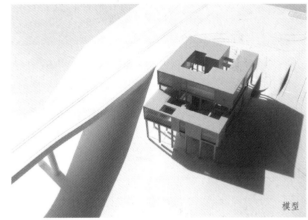

模型

阿里苹果希望小学, 西藏

阿里苹果希望小学位于冈仁波其峰脚下, 海拔4 800多米, 是世界上海拔最高的学校之一。学校总面积2 000m²左右, 能容纳240个学生, 多个方形的单体建筑彼此连续着形成一片建筑群落。

建筑大量地利用当地仅有的建筑材料——卵石, 除了平整的水泥屋顶和正面的太阳能玻璃幕墙外, 墙和地形都是由鹅卵石做成的混凝土砌块垒砌而成。建筑的新建体量与地域环境也因为运用当地随处可见的鹅卵石的关系而产生了关联, 像是一种生长。用鹅卵石垒起的墙按照一定的间距排列, 不仅起到挡风的作用, 而且沿地势展开, 形成了一个个院落。而这样的布局却与西藏当地的传统建筑有关。当地的传统建筑由一个一个的长方体的院落组成, 而院墙的高度和间距都是与当地多风的环境相适应的。

鹅卵石的墙体顺着坡地与群落式散布的建筑一起将整个学校划分成一个个院落, 纵向起伏的姿态有着山体自然的形态。而平淡的地形也由于墙体的进入而增加了视觉密度和空间的丰富性。在当地的自然条件下, 纵向起伏的墙体起着挡风的重要作用。墙体的末端由卵石堆成, 是住校儿童游戏的场地和体育场的看台。

在这个没有电的地区, 节能和环保也是非常重要的。因此对当地的太阳能技术的研究使用, 低成本、低能耗地满足了建筑的使用功能。由学校老师和学生填色的南立面, 表现出了西藏建筑的当代特征。

王晖1969年生于陕西西安, 毕业于西北工业大学建筑系, 1998年到2003年是非常建筑的合伙人, 曾任北京大学建筑学研究中心兼职讲师。现生活工作于北京, 主要工作包括建筑设计及城市规划, 当代艺术及产品设计等。作品包括2004年中国国际建筑艺术双年展的"廊及廊居"实验性室内设计、西藏阿里苹果希望小学、左右间咖啡馆、苹果22院街规划、2006年今日美术馆、798艺术区规划概念及2008年完成的今日美术馆艺术家工作室。王晖从2003年开始参加各种展览, 如2004年北京的中国建筑艺术双年展、"影像生存"上海双年展、2005年深圳的"一界两端"当代艺术展、2006年上海的"建筑将来"个展、荷兰鹿特丹的当代中国建筑艺术及设计展、2008年大声展、伦敦"生活特醇"当代艺术展以及在捷克共和国克鲁姆罗夫的王晖装置个展等。

垂直方向的新地形　　　　分散的建筑单体与墙体形态形成多种院落空间　　　　景和观/儿童娱乐空间介入－卵石堆－墙的起点

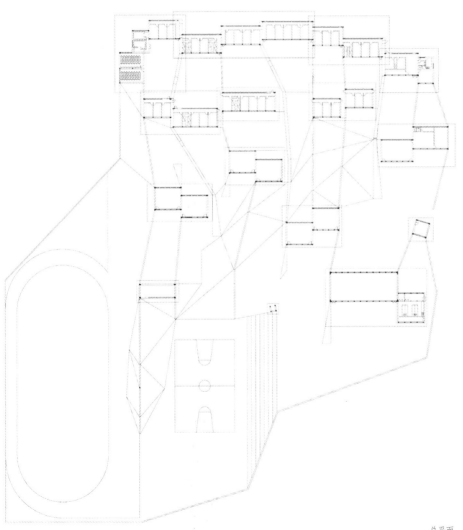

项目名称: 阿里苹果希望小学

地点: 西藏阿里

主要设计人: 王晖

设计单位: 左右间建筑设计

设计时间: 2003 年

竣工时间: 2005 年

建筑面积: 2 270 m²

占地面积: 2 270 m²

图片提供: 左右间建筑设计

总平面　　　　　　　　　　模型

123 | 5   1-2 建造过程
      | 67
4 | 8910   3 鹅卵石墙体细部

             4 内院

             5 远景

             6 院、墙、门

             7 透过墙体门洞看另一个院落

          8-9 室内

          10 卫生间

柿子林会馆，北京

柿子林基地位于北京昌平区十三陵万娘坟村的果园内，得名于果园中数目繁多的柿树，功能为私人住宅兼招待亲友的场所。

在设计时，基于对保留柿子林的要求，设置了散布在建筑中的内天井，围绕柿子树，打破了建筑的封闭沉闷，在建筑内部营造了多样化空间。建筑的空间是多向度的。建筑中部的公共部分是圈绕竹林的平面小环线，在主人起居和卧室、书房区域之间是从一楼到二楼的垂直循环路线。而在建筑最北侧的客居部分则设了上下两层连通的立体化平面环线。在大环线中又由于插入保留柿树的小天井，而产生了另外的小环线。这些环线提供了建筑中绝无重复，并可以产生几乎无限多种组合的循环可能，由此制造出有丰富体验的空间。

会所内部的九个房间由八字形斜墙与倾斜屋面共同构成。屋顶的形式借用了中国传统建筑群屋面的整体非连续性，屋面排瓦。这种形式打破了建筑的整体逻辑，参观者在空间内可以获得意外的体验。

房屋的承重墙为石夹混凝土。石材只是作为混凝土墙的表皮贴面，不起任何结构作用。石材采自于当地，体现了建筑师在材料的选择上试图将建筑融入到地域中，表现出地方性特征。而参观者对这些装饰性的立面会产生一种纯石墙的错觉。

非常建筑工作室主持人张永和 1956 年出生于北京，1977 年考入南京工学院建筑系（现东南大学建筑学院），1981 年赴美留学，1993 年与鲁力佳成立非常建筑工作室并开始在国内的设计实践，1999 年起担任北京大学建筑学研究中心主任、教授，2005 年出任美国麻省理工学院 (MIT) 建筑系主任，成为首位执掌美国建筑研究重镇的华裔学者。他是 20 世纪 90 年代中国实验建筑的推动者，多次在国际建筑设计竞赛中获奖。曾参加过威尼斯建筑双年展，是 2008 年威尼斯建筑双年展中国馆策展团队策划人之一。张永和＋非常建筑的代表作品有席殊书屋、广东清溪坡地住宅群方案、中国科学院晨兴数学楼、北京怀柔山语间、长城脚下的公社二分宅、河北教育出版社、柿子林会馆、上海世博会企业联合馆等。

二、海归建筑师的建筑实践

　　现代主义、后现代主义以及各种风格流派的建筑，源于海外，并逐渐影响到中国的建筑风格。在海外与各种建筑风潮直接接触之后，留学归来的中青年建筑师给中国建筑市场带来不一样的面貌和新的元素，伴随引进的还有最前沿的技术手段。但是在中国的建筑实践又不能回避对深层历史文化的研究和借鉴，所以海外归来的中青年建筑师的建筑设计是带有探索性和实验性的。

　　有批评家谈到："相比而言，'中国性'这一宏大和沉重的命题，对于今天更年轻的建筑师而言，既不是他们的经验和传统文化的修养所能够探讨的，也非他们的兴趣所在。今天三十多岁在中国建筑界崭露头角的青年建筑师，许多有着在国外接受建筑教育的背景，比如都市实践、张斌、马岩松、卜冰、陈旭东、祝晓峰、华黎和标准营造等，他们更关注的是如何在中国现有的条件下，实现有品质、有趣味的建筑。他们并不太在意自己的思想和形式是'西方'的，还是'中国'的。虽然他们的某个设计的构思中可能会强调中国传统建筑文化的影响，但这只是解决某个具体案例的具体策略，绝不是将对中国建筑和中国文化的界定作为自己的建筑观或者选择的道路。"[20]

　　这些接受国外建筑思想洗礼的建筑师，为我国的建筑设计领域带来新鲜的建筑理念和设计模式，可以说是搭起了国内外交流的桥梁。一方面他们融合中西建筑文化，运用到自己的设计和教学中，影响着越来越多的新生代建筑师；另一方面，他们也把中国的建筑信息带给外面的世界。他们参加国际建筑展，在国际竞赛中获奖，让世界范围内更多的建筑师关注中国建筑状况，参与到中国的建筑实践当中，产生了更多的交流。

一层平面

1 放映厅	10 车库
2 主卧	11 工具房
3 客厅	12 门廊
4 更衣室	13 工人房
5 茶室	14 外廊
6 次卧室	15 工作室
7 起居室	16 厨房
8 客房	17 餐厅
9 院子	18 阁楼

地下层平面

项目名称:百子甲壹宋庄工作室
地点:北京宋庄
建筑设计:彭乐乐、黄燚、林春光、王田田、曾仁臻
设计单位:百子甲壹建筑工作室
用地面积:1 066m²
建筑面积:589m²
设计时间:2008 年 4 月 ~2009 年 11 月
施工时间:2009 年 11 月 ~2011 年 6 月
摄影:刁中、曾仁臻

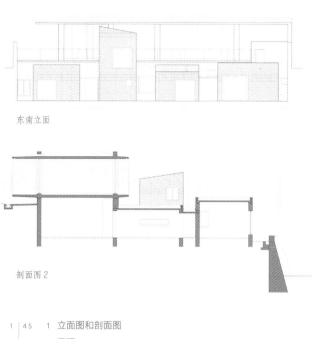

东南立面

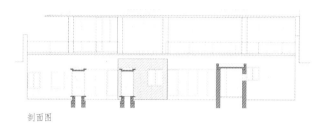

剖面图

剖面图2

| 1 | 4 5 | 1 立面图和剖面图 |
| 2 3 | 6 | 2 菜园 |

3 一层工作室西侧外廊

4-5 下沉居住部分

6 一层工作室东侧外廊

同济大学建筑与城市规划学院 C 楼，上海

作为学院老楼的扩建部分，同济大学建筑与城市规划学院 C 楼供研究生教学使用。西侧紧邻老楼，南侧为能源楼，东侧为苗圃，北侧紧邻校园围墙，是校园中被人遗忘的"隐匿"角落之一。因此建筑师将这栋新楼的显现理解为对于这一基地的"隐匿"潜力的揭示，以重新确立老楼、与校园以及与城市的关系。

设计者首先界定关乎使用行为的流线与分布策略，确立了以下原则：不同使用空间的相对独立、交通空间与交往空间的复合；休闲空间中的景观与生态环境创造。

居中贯穿东西的连廊系统是 C 楼的核心，充足的天光和连续的空间使它成为师生的交往场所。作为主体部分的研究工作单元布满连廊南侧三至七层的所有楼面，而连廊北侧由导师工作 / 机动工作单元、楼梯 / 服务单元和之间的三个流动的叠加虚空间（地下室和三层的室内中庭，以及室外的屋顶花园）组成，静态系统与动态系统互为对照，形成了一个宜于教学和研究的新环境。

设计者还刻意回避了外在立面形式的统一性及基于其上的形体操作姿态，转而寻求内在空间的可视性及表皮材质的表现力。不同的空间类型在立面的形式、质感上得到清晰的区分，并回应建筑对于基地环境的影响。材料的选择同样体现基本的理念，为了达到空间从不透明到透明的不同变化，支撑结构部分主要为清水素混泥土面 + 透明氟碳水性涂料，各单元的表皮则分别使用了透明平板玻璃、半透明 U 型玻璃、抛光不锈钢等材料。

建筑师张斌和周蔚于 2002 年共同成立致正建筑工作室，并任主持建筑师。致正建筑工作室是一个立足于上海的小型的跨领域的设计实践团队，其工作涵盖城市设计、建筑、室内和景观设计，并在尺度差异巨大的不同项目中探讨一种不以特定形式风格为目标的、开放的、内省的工作方式。2004 年，张斌和周蔚获得 WA 中国建筑奖佳作奖，2006 年，获第四届中国建筑学会建筑创作奖佳作奖、第六届中国建筑学会青年建筑师奖及第一届上海市建筑学会建筑创作奖佳作奖。其重要项目包括上海同济大学中法中心、同济大学建筑与城规学院 C 楼、上海嘉定新城东云街商务休闲区等。

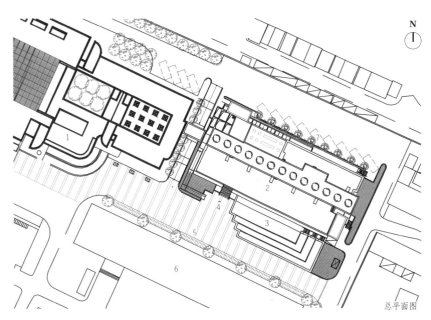

1　建筑城规学院 B 楼
2　建筑城规学院 C 楼
3　下沉庭院
4　主入口
5　自行车停车场
6　能源楼
7　停车场

N

总平面图

项目名称: 同济大学建筑与城市规划学院 C 楼
地点: 同济大学本部校区, 上海市四平路 1239 号
主要设计人: 张斌、周蔚
建设单位: 同济大学
设计时间: 2002 年 2 月 ~2004 年 5 月
建造时间: 2002 年 12 月 ~2004 年 5 月
基地面积: 4 140m²
占地面积: 1 485m²
建筑面积: 9 672m²
摄影: 张嗣烨

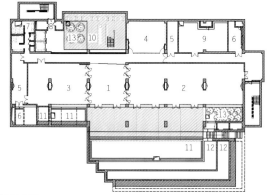

地下层平面

1 前厅	8 强、弱电
2 展厅	9 泵房
3 院史展览	10 中庭
4 会议室	11 水池
5 库房	12 花坛
6 风机房	13 种植池
7 男、女厕	

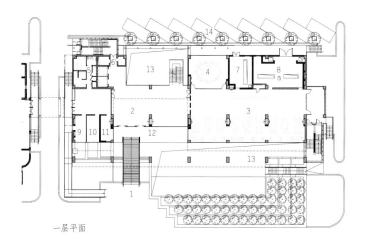

一层平面

1 主入口	8 变电所
2 门厅	9 消防监控
3 休闲空间	10 网络控制
4 会议室	11 门卫
5 男、女厕／残障厕	12 平台
6 强、弱电	13 上空
7 大楼总配电间	14 车位

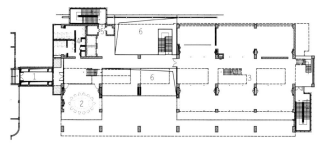

二层平面

1 连廊
2 会议室
3 大工作室
4 男、女厕
5 强、弱电
6 上空

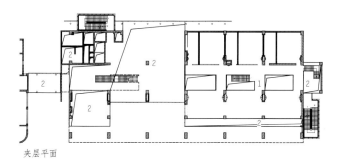

夹层平面

1 大工作室
2 上空

1 | 2 3
  | 4 5

1 平面图

2 门厅

3 室内主楼梯

4 三层中庭

5 七层中廊

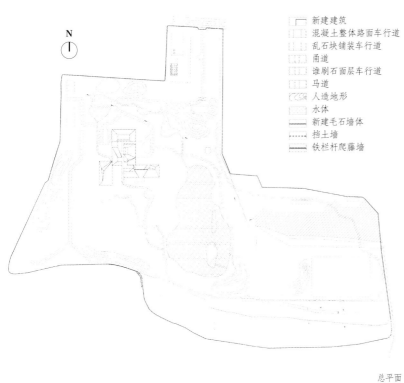

- □ 新建建筑
- ▦ 混凝土整体路面路面车行道
- ▦ 乱石块铺装车行道
- ▦ 甬道
- ▦ 谁刷石面层车行道
- ▦ 马道
- ▦ 人造地形
- ▬ 水体
- ▬ 新建毛石墙体
- ┈ 挡土墙
- ▤ 铁栏杆爬藤墙

总平面

项目名称: 柿子林会馆

地点: 北京昌平十三陵万娘坟

设计主持人: 张永和、王晖

顾问: 徐民生 (结构顾问)

参与建筑师: 王欣、敬涌、钟鹏、于露、戴长靖等

设计单位: 非常建筑

合作设计: 北京意社建筑设计咨询有限公司

业主: 今典集团

建筑面积: 4 800m²

基地面积: 200 100m²

设计时间: 2001 年 6 月~2003 年 6 月

竣工时间: 2004 年 5 月

主要材料: 石夹混凝土承重墙、外露混凝土顶棚、混凝土瓦屋面、水磨石地面、氧化钢板贴面

图片提供: 非常建筑

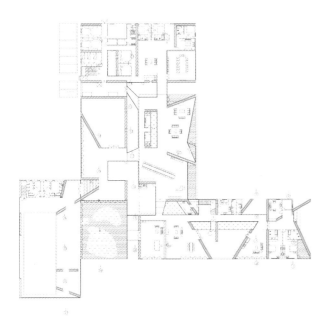

一层平面

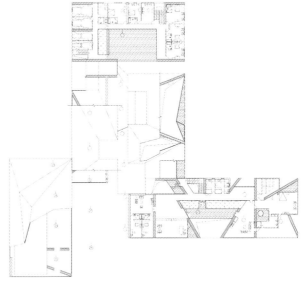

二层平面

东立面

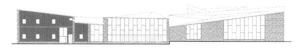

西立面

北立面

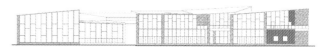

南立面

1	3	1 立面图
2	4	2 游泳馆外幕墙
		3 主入口
		4 南侧东墙

混凝土缝之宅，江苏

混凝土缝之宅位于南京市颐和路公馆区内，总建筑面积270m²。周围的房屋都是民国时期的青砖洋房，但建筑师并未使用青砖作为材料，而是选用混凝土创造了一种抽象的房屋形式，混凝土的使用又在肌理上与周边的环境显示出差异。屋外院落的地面和屋内的地板、墙壁和顶棚铺上木条，增加了怀旧的色彩，且与环境呼应。建筑界同行曾评价说，其建造工艺与质量是中国住宅的"极品"。

该住宅设计有较强的理性逻辑结构，将楼梯对应的两个朝向的外墙局部内缩并使其透明化，其结果是通过光线、附近空间的层次区分和尺度差异，将楼梯从整体中独立出来，并且导致左右两组垂直单元拉开距离并形成裂缝。裂缝把不同的房间加以分离，前后二部分也由此可以相互观望，形成了二层高度的起居室、一层半高度的餐厅以及错落半层的三个卧室以及顶层

书房。二组房间由于高差而出现的单边延伸导致了意料之外的旋转关系，因此，所有的空间序列都开始流动并变得立体化和视觉化了。[21]

在建筑师看来，对可以进行改造的民国建筑而言，仿造假古董没有意义。在新与旧之间，更看重的是新，新的设计要有助于凸显周边保护建筑的历史文化价值，和而不同，有一种熟悉的陌生感。

建筑师张雷1964年出生于江苏，是张雷联合建筑事务所创始人、主持建筑师、南京大学建筑学院副院长，教授。东南大学建筑系硕士毕业，瑞士苏黎世高工建筑系研究生毕业。作品"混凝土缝之宅"荣获2008英国《建筑评论》(Architectural Review) ar+d 国际青年建筑师最高奖荣誉提名。主要作品有高淳诗人住宅、新四军江南指挥部纪念馆、南画廊(锅炉房改造)等。

项目名称: 混凝土缝之宅

地点: 江苏南京

建筑设计: 张雷、孟凡浩、蔡梦雷、路媛、唐晓新

设计单位: 张雷联合建筑事务所

设计合作: 南京大学建筑规划设计研究院

建筑面积: 270m²

设计时间: 2005 年 7 月

竣工时间: 2007 年 10 月

摄影: Iwan Baan

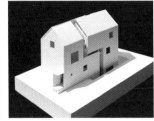
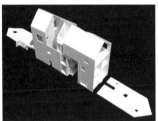

模型

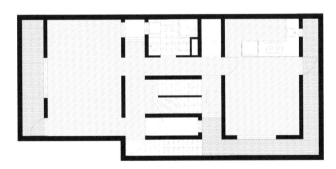

地下层平面

二层平面

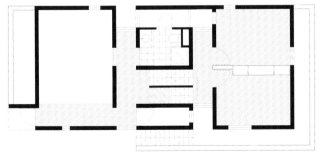

一层平面

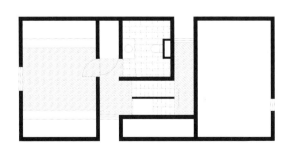

三层平面

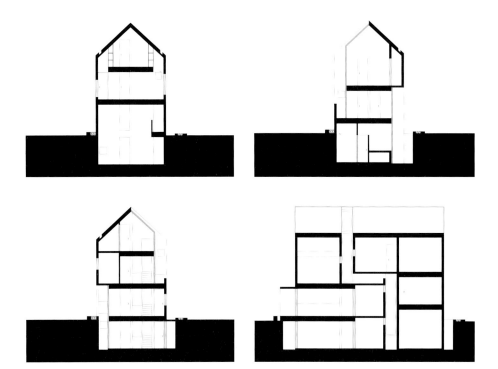

1 ｜ 2　1 正立面

｜ 3 4　2 剖面图

　　　 3 东北鸟瞰

　　　 4 地下室楼梯

1 书房
2 起居室
3 楼梯
4 楼梯平台
5 书房窗口

土楼公舍，广东

土楼公舍是都市实践 2006 年开始设计的项目，位于广州南海。事务所把思考和解决城市问题作为出发点，以城市中的低收入者为受众，设计了土楼公舍项目。设计者对客家土楼原型进行尺度、空间模式、功能等方面的演绎，然后加入经济、自然等多种城市环境要素，在多种要素之间寻找可能的平衡，将其向心力、凝聚力运用在该项目中。土楼的形式既从空间上满足了集合住宅密集度的要求，又从空间形式和心理上为其中的居住者提供了一个适于交流的"场"。

土楼公舍采用 E 字型螺旋结构，使内外空间在封闭、交流上达到一种平衡。公舍内分布有 287 个房间，配有厨房和卫生间，每个单位的面积为 30m²，仅提供居住功能。公共区域被安置在土楼的中心区域，作用如同客家土楼中心的祠堂，用于每年祭祖，唱戏，或者是家族中的私塾等，提供集体聚会的功能。公舍的内庭方楼内具有各种不同功能的公共空间，是公舍居民进行公共活动的场所。

通过对土楼社区空间的再创造以适应当代社会的生活意识和节奏。在内部空间布局上添增了新内容：每户室内面积不大但带有独立厨房和浴室，每层楼都有公共活动空间。社区的食堂、商店、旅店、图书室和篮球场为民众提供了便捷的服务。

URBANUS（都市实践）建筑事务所成立于美国，目前在中国有深圳公司和北京公司，现由刘晓都、孟岩和王辉主持。它的名称"URBANUS"源于拉丁文的"城市"，揭示了事务所的设计主旨在于从广阔的城市视角和特定的城市体验中解读建筑的内涵，力图为新世纪建筑和城市所面临的新问题提供新的解决办法。近年来 URBANUS 都市实践参与了国内许多重要的建设项目的规划设计，代表作品有土楼公舍、大芬美术馆、华侨城创意园规划改造、唐山城市展览馆、华·美术馆、唐山博物馆等。

项目名称：土楼公舍

地点：广东南海

设计团队：刘晓都、孟岩、李达、尹毓俊、黄志毅、李晖、程昀、黄煦、左雷

设计单位：都市实践

建设方：深圳万科房地产有限公司

建筑面积：13 711m²

设计时间：2006 年 ~2008 年

竣工时间：2008 年

摄影：杨超英

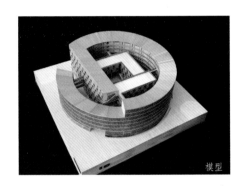

模型

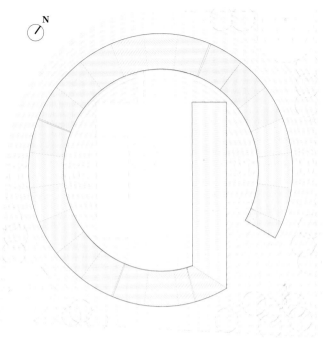

总平面

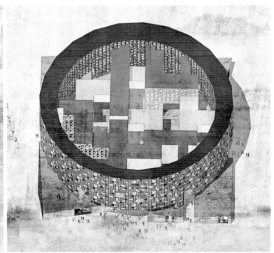

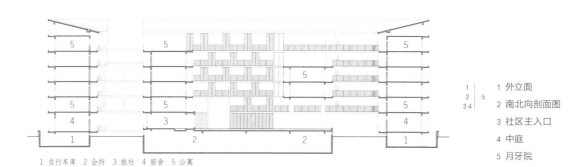

1　自行车库　2　会所　3　旅社　4　宿舍　5　公寓

1	2	5
3 4		

1　外立面

2　南北向剖面图

3　社区主入口

4　中庭

5　月牙院

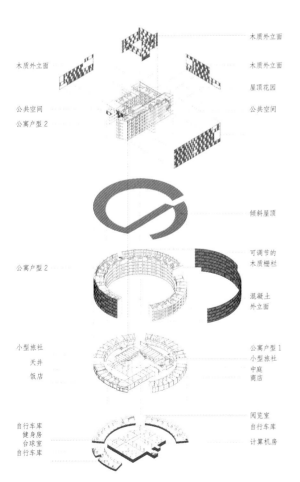

木质外立面

公共空间
公寓户型 2

公寓户型 2

小型旅社
天井
饭店

自行车库
健身房
台球室
自行车库

木质外立面

木质外立面
屋顶花园
公共空间

倾斜屋顶

可调节的
木质栅栏

混凝土
外立面

公寓户型 1
小型旅社
中庭
商店

阅览室
自行车库
计算机房

龙山教堂，北京

　　龙山教堂坐落在北京怀柔龙山新新小镇，教堂的主体由两个一凹一凸、一抑一扬的建筑前后相接组成，在庄重的宗教氛围中融入了视觉的变化。教堂的主体与钟塔分离，主体建筑由台阶入前厅至主厅逐次升高。二者之间的广场引入了灰色石子和水的元素，力图营造一种朴素、自然的净化心灵的空间。教堂主厅坡屋面的处理为的是与周边的坡顶住宅相呼应。

　　建筑的立面材料采用了蓝灰色玄武岩，传达出朴素而肃穆的宗教文化气氛；加之一系列 20cm 宽的竖向窄条开窗有规律的排列其上，阳光照射进来，让光束成为心灵净化的引导。教堂从设计到施工全面采用了模数的控制方法，让设计和建造的过程更加理性和系统化。教堂周围参天的新疆杨树、毛石围墙以及广场上的条石坐凳，都营造出一种简洁而不失人文色彩的宗教气氛。

　　北京龙山教堂主要设计人为张瑛，设计机构为维思平建筑事务所。维思平建筑事务所是一个国际化的并以设计创新为导向的建筑设计事务所，合伙人有吴钢、张瑛、陈凌、克劳德·罗森（KNUD ROSSEN），1996 年在德国慕尼黑成立，现在慕尼黑、北京、杭州三地拥有 70 多名规划师、建筑师、环境设计师和室内设计师，主要项目有奥地利 INFINEON 总部、新加坡西门子总部、南京长发中心、北京新首都机场酒店、北京龙山教堂、北京中信国安会议中心、北京渡上别墅区、深圳金地梅陇镇等。

项目名称: 龙山教堂

地点: 北京怀柔

设计单位: 维思平建筑事务所(WSP)

占地面积: 3 813m²

建筑面积: 1 380m²

设计时间: 2004 年

竣工时间: 2007 年

图片提供: 维思平建筑事务所

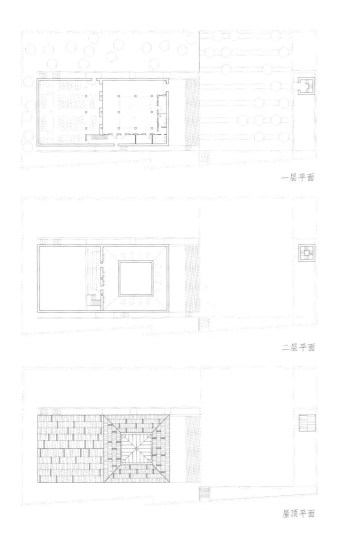

一层平面

二层平面

屋顶平面

模型

1	2		6	1 主体建筑由台阶入前厅逐渐升高
3	4	5	7	2 外立面
				3–7 室内

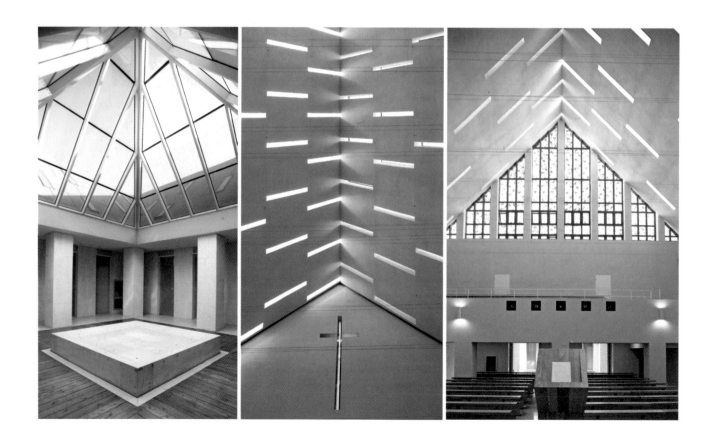

鄂尔多斯博物馆，内蒙古

鄂尔多斯博物馆位于鄂尔多斯市康巴什新区文化西路南5号，规划建设用地面积为27 760m²，总建筑面积41 227m²，总高度39.8m，为地下1层、地上4层、局部8层的综合性博物馆，由MAD建筑事务所设计。

鄂尔多斯博物馆建筑的整体外形是由多个不规则的双曲面体形有机集合成一个不规则的异型体，顶部有四个斜向玻璃天窗，在办公区也设置有两个斜向的采光天窗，主次入口造型的变化十分复杂，观众通过逐渐收缩的喇叭口进入建筑，两侧的铠甲状不锈钢板能给人以穿越时空的感觉。主体结构为钢结构支撑系统，其表面大部分为金属屋面和铝装饰板（带）所覆盖，整体造型在柔顺中能透出刚毅。[22]

建筑师受巴克明斯特·富勒（R. Buckminster Fuller）"曼哈顿穹顶"的启发，将博物馆构想成带有未来主义色彩的抽象壳体，在将它与外面的"城市"隔绝的同时也对其内部的文化和历史片段提供了某种保护。它如一块坚固的石头，象征着永恒。古铜色的金属外表记录着鄂尔多斯悠久的过去，内部充满自然的光线，将城市废墟转化为充满诗意的公共文化空间。

行走于博物馆内部空中的连桥，好像置身于时光的洞窟之中。为了实现博物馆内部成为外部开放的城市公共空间的延续，在这个"超现实"空间的底层设置的入口可以让观者直接进入并穿过博物馆而不需要进入展厅，使得博物馆内部也成为开放的城市空间的延伸。[23]

马岩松是一位另类建筑师，代表新一代建筑人挑战中国建筑现状，其充满想象力的作品是对未来城市和建筑的浪漫预言。马岩松曾就读于北京建筑工程学院，获建筑学学士学位，后毕业于美国耶鲁大学，获建筑学硕士和Samuel J.Fogelson优秀设计毕业生奖。2006年获得纽约建筑联盟青年建筑师奖。曾在伦敦的扎哈·哈迪德事务所和纽约埃森曼事务所工作。2008年参与第11届威尼斯建筑双年展主展馆展览。2002年，就读于美国耶鲁大学建筑学院的马岩松，以其设计的"浮游之岛——重建纽约世贸中心"令建筑界震惊。2002年马岩松在美国注册成立MAD建筑事务所，2004年成立MAD北京事务所，早野洋介、党群先后加入成为合伙人。MAD关注当代建筑与文化问题，通过先锋的理念为未来的城市提供独特的设计。MAD目前在世界范围内有各种规模和类型的建筑项目，其中包括多伦多梦露大厦（2006年MAD赢得该项目设计竞赛第一名，这是中国建筑师首次通过国际公开竞赛赢得设计权）、鄂尔多斯博物馆、胡同泡泡、迪拜世界岛东京岛规划等。他们近年来的设计尊重过去的传统和智慧，但不是简单的重复，而是给今天的人们有机会去探讨未来的经验，未来与真实的历史穿插在一起，创造有文化生命的山水城市。

项目名称: 鄂尔多斯博物馆

地点: 内蒙古鄂尔多斯

主持建筑师: 马岩松、早野洋介、党群

设计单位: MAD

合作设计: 中国建筑标准设计研究院

机械设计: 山西省建筑设计研究院

基地面积: 27 760m²

建筑面积: 41 227m²

建筑高度: 40 m

竣工时间: 2012 年

摄影: 舒赫、Iwan Baan

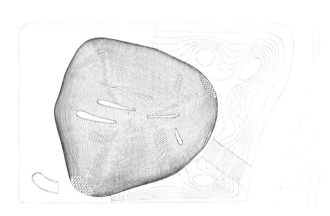

基地平面

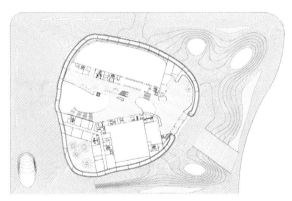

二层平面

三层平面

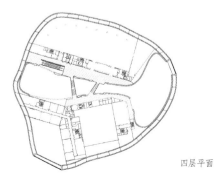

四层平面

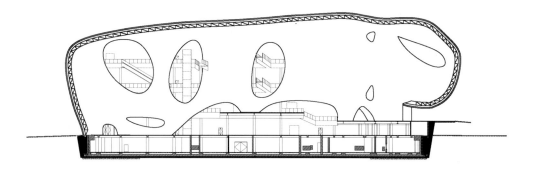

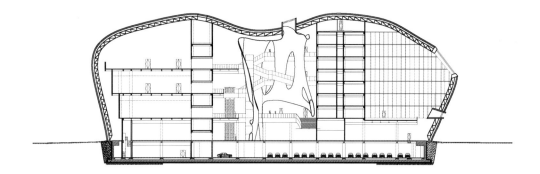

1	4	1 剖面图
2 3	5 6	2-3 室内空间
		4 构造图
		5-6 室内空间

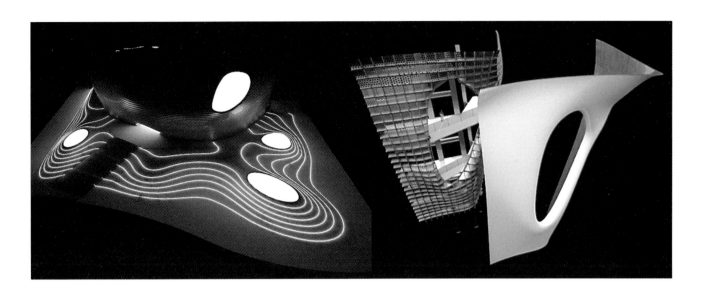

OCT 设计博物馆，深圳

朱锫设计的 OCT 设计博物馆，坐落于深圳华侨城欢乐海岸东北角。设计灵感来自于散落在海滩上光滑的石头，目的是创造一个超现实主题的空间并且带给人和周围环境超然的体验。"建筑的奇异形式，原本来自对基地海边卵石的无端放大，但经由对詹姆斯·特瑞尔的装置艺术的意义援引，这枚抽象的卵石被放置在'超现实'的城市语境中重新解读，从而与深圳这个乌托邦城市中的迷茫乡愁产生了某种同构，也让建筑运用光亮表面进行自我消解的企图闪烁出暧昧的意义折光。"[24]

建筑的外观是内部连续的曲线空间的直接体现。为了营造超现实的极简纯净的背景空间，室内设计依附于一个连续的，没有投影，没有厚度的白色曲面上。三角形的随机散落在建筑体表的小窗户是建筑体唯一的装饰，在打破建筑外观沉闷的同时，也记录了阳光在这里留下过的痕迹。

建筑一层是入口大厅和咖啡馆，二层和三层空间主要用于展览，而储藏空间均匀分布在每层之间，利用可移动的墙体来灵活控制展览空间的规模和类型。OCT 设计博物馆在功能上主要用于概念车、大型产品设计展示、时装表演等，因此在这个极其纯净的公共空间里，汽车和大型产品的沉重感荡然无存，从而促使展品的曲线、光影和强烈的色彩变成观看的焦点，创造出不一样的展示效果。

朱锫 1991 年获得清华大学建筑学硕士学位并留校执教，后留学于美国加州伯克利大学（UC Berkeley），获得建筑与城市设计硕士学位。2001 年回国，与他人创建 URBANUS 都市实践建筑事务所，任主持建筑师。2005 年在北京创建朱锫建筑设计事务所，任主持建筑师。朱锫的设计反映出中国建筑的文化内涵和当代艺术的精神，他设计的阿布扎比古根海姆博物馆方案、奥运数字北京大厦、木棉花酒店、蔡国强四合院改造、北京出版社办公楼改造、OCT 设计博物馆等，既有未来风格，又充分考虑到当地文化和气候特征。

项目名称：OCT 设计博物馆

地点：深圳

设计主持建筑师：朱锫

设计团队：曾晓明（主设计师）、何帆、柯军、焦崇霞、殷宵、李思

结构顾问：傅学仪

设计单位：朱锫建筑设计事务所

建筑面积：5 000m^2

设计时间：2008 年 ~2009 年

建造时间：2009 年 ~2011 年

摄影：方振宁、朱锫

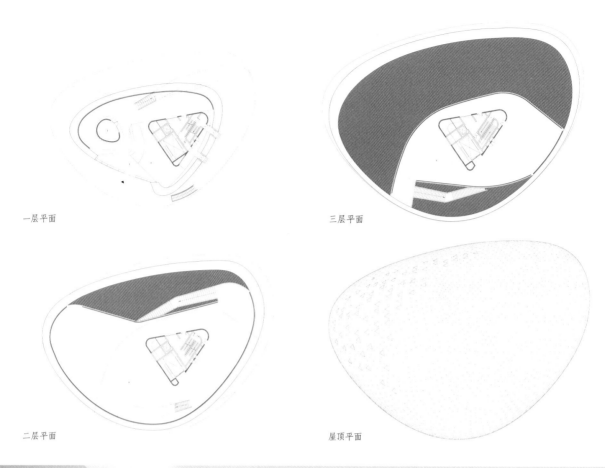

一层平面

三层平面

二层平面

屋顶平面

1 | 3 4   1 平面图
2 | 5   2-5 内部空间

雅鲁藏布江小码头，西藏

　　小码头位于西藏雅鲁藏布大峡谷迦巴瓦雪山脚下的派镇附近，派镇是林芝地区米林县的一个村级小镇，不仅是雅鲁藏布大峡谷的入口，还是通往全国唯一不通公路的墨脱县的陆路转运站。大峡谷被认定为世界第一大峡谷，中国国家地理杂志将海拔 7 782m 的南迦巴瓦雪山选为"中国最美的山峰"之首，普通徒步旅行者常常慕名而来。

　　小码头选址派镇下游大约两公里多的江面拐弯处，这里有形态特别的四棵大杨树，还有巨大的岩石，站在岩石上看江水奔流，又可看到峡谷背后的加拉白垒和南迦巴瓦雪山。

　　码头规模很小，面积430m²，功能也很简单，主要为水路往返的旅行者提供基本的服务。建筑是江边复杂地形的一部分，一条连续曲折的坡道，从江面开始沿岸往上，在几棵大树之间曲折缠绕，坡道与两棵大树一起，围合成面向江面的小庭院。庭院由碎石铺成，可以供乘客休息观景。由庭院再向上，坡道先穿过上层坡道形成一个挑空过道经两次左转悬空越过自己，然后再次右转，并在高处从两棵大树之间穿出悬挑到江面上，成为一个飘在江面上的观景台。

　　码头的室内空间分为两部分，一是候船厅，一是售票室和守候人员临时卧室，分别利用地形和坡势，隐藏在坡道的下面，卧室外有木平台，可以观察江面的船只情况和远处加拉白垒雪山。建筑的材料大都就地取材，墙体的砌筑全部由当地工匠采用他们熟悉的方式完成。[25]

　　标准营造由张轲、张弘、Claudia Taborda 等多位年轻设计师在 1999 年创建于纽约，是一家专业从事建筑设计、景观与城市设计、室内设计及产品设计的合伙人事务所。公司 2001 年以来通过国际竞赛在国内赢得了多项重要项目，工作空间逐渐转移到北京，四位合伙人是：张珂、张弘、侯正华和 Claudia Taborda。事务所发展了在历史文化地段中进行景观与建筑创作的特长，其实践超越了传统的设计职业划分，其重要项目有阳朔小街坊、西藏雅鲁藏布江小码头、成都青城山石头院茶室、西藏林芝南迦巴瓦峰接待站、西藏雅鲁藏布大峡谷艺术馆、西藏尼洋河游客中心等。

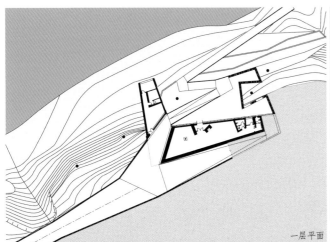

一层平面

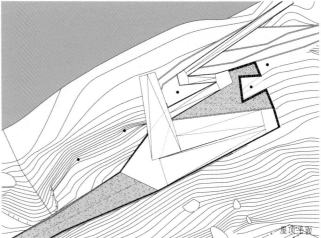

屋顶平面

模型

项目名称: 雅鲁藏布江小码头

地点: 西藏林芝

设计团队: 侯正华、张轲、张弘、Claudia Taborda、董丽娜、孙伟

设计单位: 标准营造

合作设计: 中国建研建筑设计研究院及西藏有道建筑设计公司

基地面积: 1 000 m²

建筑面积: 430 m²

设计时间: 2007 年

施工时间: 2008 年

结构形式: 石墙混凝土结构与局部钢结构混合

图片提供: 标准营造

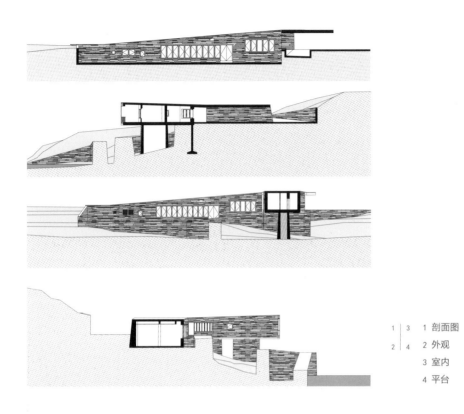

1	3	1 剖面图
2	4	2 外观
		3 室内
		4 平台

玉山石柴，陕西

建筑师马清运为父亲在老家建造了一所住宅——玉山石柴，它位于西安东南方的蓝田玉山镇，以蓝田玉山和秦岭山脉作为背景。蓝田是蓝田猿人的古址，而玉山又是当年王维营建辋川别业的地方。房子的外墙用当地河里的石头堆砌而成。从陡峭的山峰到和缓的坡地，原来山谷中粗糙的石头经过河水和雨水年复一年的冲刷，呈现出丰富的质地，为"玉山石柴"提供了丰富的建筑材料资源。整个设计以将石头在质地和建造方法之间的作用最大化作为首要原则，因此建筑呈现出来的是一件在光和影的浓缩、粗糙和光滑的密度间游离的充满现代主义感的作品。

室内墙壁、地板、门窗以及落地窗均是用竹节板搭建而成，麦芽黄竹节板的色彩与经无数风雨冲刷过的石头共同传递出来的是一种乡野的气息，与周围的环境若即若离。

马清运，1965年出生于西安，1988年毕业于清华大学建筑系，次年赴美国费城宾夕法尼亚大学美术研究生院，攻读建筑硕士学位。1995年在纽约创立美国马达建筑设计事务所，1999年马达思班正式在上海成立中国建筑设计事务所，主要项目有玉山石柴、宁波天一广场、西安广播电视中心、青浦曲水园等。马清运于2006年12月出任美国南加州大学建筑学院院长。

项目名称: 玉山石柴
地点: 陕西省西安
主要设计人: 马清运
设计单位: 马达思班建筑设计事务所
设计时间: 1992 年
竣工时间: 2003 年
建筑面积: 385m²
占地面积: 200 m²
摄影: 陈展辉、金霈

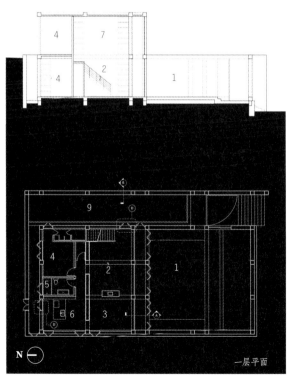

1 院子
2 客厅
3 餐厅
4 客房
5 卫生间
6 厨房
7 书房
8 主人房
9 游泳池

一层平面

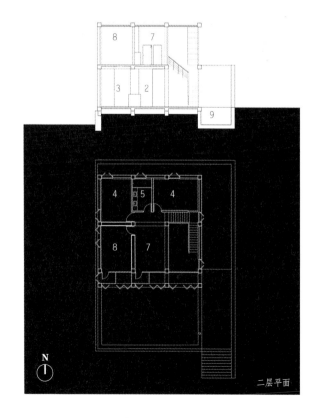

二层平面

国家会计学院，北京

国家会计学院被称为"经济建设时期的黄埔军校"，地处北京机场高速路与京顺高速路之间，地名顺义天竺开发区。学院规模为 1 500 名在校学员，培训期为 3 个星期至 3 个月，建筑面积 7 万 m²，建筑限高 18m。

建筑师考虑到两条高速路的走向使此区域内的所有路径均旋转了一个正的或反的 45° 角，与北京城的路网格局大相径庭，故在设计中便考虑将此地块内的轴线重新转回到正南正北方向，而避免轴线扭转所带来重叠网格冲突的最佳几何形体莫过于圆。因此，设计便在地块的中央画了一个大鸭蛋，其中央偏南摆下了教学主楼，并以此为界，分出了前部的教学区和后部的生活区。

主楼的对面是一片林荫停车场，一个小坡地由北向南升高。主楼的左边是学生活动中心，右边是图书馆。这两幢建筑均沿街布置，断面上呈四分之一圆，高度均由低向高发展，以谋求与未来周边的别墅建筑在高度上的协调。主楼的后方是一组围合成马蹄形的学生公寓，每幢公寓都围绕内院组织，且拥有自己独特的色彩与院内的花草相呼应，在力求统一中寻求个性。学员宿舍的东侧为后勤楼和体育馆，它们与宿舍的东立面一起界定了一条在国内不多见的城市型道路。而学员宿舍的西侧为一土人造山丘，其西侧还有一汪湖水和沿湖建造的专家公寓。

整座校园的规划从城市设计入手，照顾与周边道路的关系，用建筑围合空间。建筑设计力求简洁，与功能紧密结合，并努力开发新的建材与技术。

建筑师齐欣 1959 年出生于北京，1983 年毕业于清华大学建筑系，1985 年赴法国留学，在法国和香港工作后，1996 年回到北京，2002 年和几个合伙人创办了北京齐欣建筑设计咨询有限公司，从事与建筑相关的(包括城市设计、景观、室内等)建筑、结构、设备设计咨询服务。主要作品有北京似合院、杭州玉鸟流苏、江苏软件园、北京用友软件总部、歌华开元大酒店等。

项目名称: 国家会计学院

地点: 北京顺义天竺开发区

设计团队: 齐欣、高银坤、张文锋、沈立众、韩崟

功能 : 学校

甲方: 财政部

乙方: 京澳凯芬斯

规模: 70 000 m²

图片提供: 北京齐欣建筑设计咨询有限公司

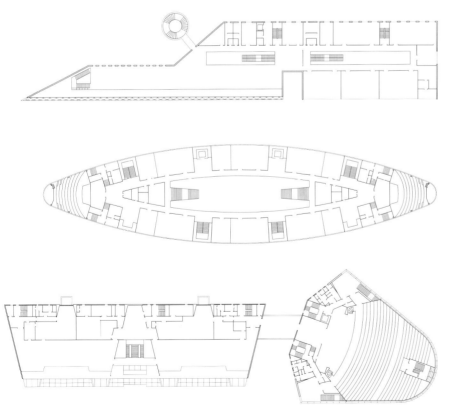

平面图

| 1 | 3 4 |
| 2 | 5 6 |

1　主楼与图书馆相持
2　立面局部
3-5　"圆"成为设计师此次选择的主要几何形体
6　室内

桥上书屋，福建

福建省平和县崎岭乡下石村桥上书屋，是在两座乾隆年间的土楼之间架起的一座桥上希望小学，整个项目基地面积1 550m²，建筑面积240m²，投入65万元，有25万元来自建筑师的朋友的捐赠，另外40万元来自当地政府等。桥上书屋曾获2010年"阿迦汗"建筑奖；2012年6月英国《卫报》评选出世界各地8个最有创新性且具有可持续性的环保建筑，桥上书屋也榜上有名。

下石村的中心有两个圆形的土楼，传说曾经是两个敌对的村庄，所以沿着一条小溪相对而建。与此同时，土楼是一种出于族群安全而采取的一种自卫式的居住样式，具有强烈的内向防御性。但随着人们生活方式的改变，这种每户封闭的格局如今显然不能满足人们公共交流与活动的需要。因此在设计之初，建筑师李晓东就想要通过一个公益建筑重建当地居民的公共活动空间以及使它成为连接两个土楼的桥。

桥上书屋的功能很简单，只有两个阶梯教室和一个小图书馆。建筑最后呈现的学校结构是横跨小溪的两组钢桁架，桁架之间布置小学的功能。图书馆在两个教室的中间，桥体任意一端的入口都可以作为开放舞台进行表演，甚至在桥上还有商店营业。教室下方用钢索悬吊着一座轻盈的折线形钢桥。建筑关注整个村落的整体空间，从功能和形式语言上为小溪两端的土楼创造了连接，在重塑村落的公共活动空间的同时也激活了传统社区的活力。

"阿迦汗"建筑奖评审委员会点评："将一个非常现代的构筑物安置在两个历史厚重的建筑之间需要极大的魄力：这个新构筑物不仅融入了景观，它还成功地通过一个悬浮于河流之上轻体量的线性雕塑将河两岸体量庞大的土楼连接在了一起。"[26]

李晓东1984年毕业于清华大学建筑系，1993年获荷兰爱因霍芬科技大学建筑学院博士学位。曾任教新加坡国立大学建筑系，现为清华大学建筑学院教授、建筑研究所所长，李晓东工作室主持建筑师。主要作品有桥上书屋、云南丽江玉湖完小、北京凤凰卫视媒体中心、新加坡动物园入口、河南少林寺禅苑、杭州西溪湿地艺术家会所、北京怀柔篱苑书屋等。

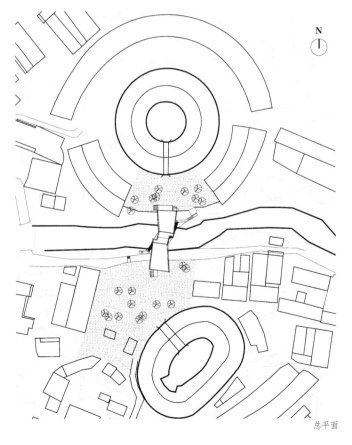

总平面

项目名称：桥上书屋

地点：福建省平和县崎岭乡下石村

建筑师：李晓东

设计团队：李晓东、陈建生、李烨、王川、梁琼、刘梦佳

施工图：福建厦门合道建筑设计有限公司

业主：福建省平和县崎岭乡下石村

赞助人：Susanna Yang、曹刚

建造时间：2008 年~2009 年

材料：钢（结构）、木质（内装与格栅）、混凝土（基座）

图片提供：李晓东

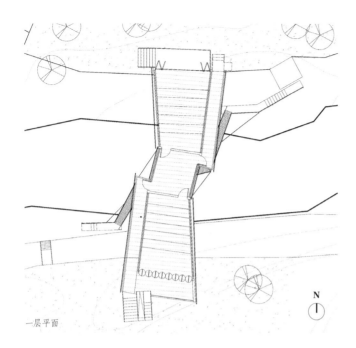

一层平面

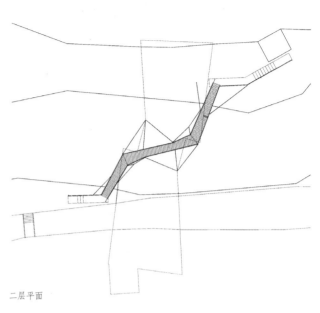

二层平面

N

1	3	1 平面图
2	4 5	2 外景
		3 内景
		4-5 与周边建筑关系

庐师山庄别墅 A+B 宅，北京

庐师山庄位于北京西郊，原为北京建工集团的疗养院，面积超过 3 万 m²。王昀在庐师山庄设计的最初阶段就参与了整体设计和规划。整个住宅群落朝向两条并行且贯穿东西的内街，而各幢住宅又是类似四合院的围合体。整个住宅群落体现出一种向心性，呈现出聚落的特征，而其独一无二的共同特征表现在住宅统一的围合形式和混凝土外观。

设计师认为，白色的盒子是丰富的形体，是形式简单、表意丰富的形体。"A"和"B"是山庄中最大的住宅，均采用了盒子的形式，分别由两个相同尺度的白色方块拼合。两层高的建筑，带一层地下室，各有内外庭院。两栋住宅的入口都设置在建筑的正面，入口处的三角形立方体，作为景观雕塑，同时背面藏有投射的灯用于夜晚照明。在外墙二层的高处有开口，用于观景。

室内外的家具均为建筑师自己设计，多种不同的材质运用得恰到好处，让人更好地感觉到空间的品质。

虽然形式大致相同，但"A""B"内部空间安排各不相同。"A"和"B"住宅都是在简洁大方的极少主义立方体空间里有着极为复杂的内部构造，形成既单纯又复杂的对立，而又在同一空间中得到了统一。[27]

王昀出生于 1963 年，现为北京大学建筑与景观设计学院副院长，同时又是方体空间工作室主持建筑师。在东京大学建筑系留学期间即研究聚落问题，完成博士学位回国，在北京大学任教，开设了建筑学理论研究与实践、聚落空间研究与实践等课程。方体空间工作室的主要项目有：庐师山庄别墅 A＋B 宅、庐师山庄会所、北京百子湾中学、西溪国家湿地艺术村离散式聚落等。他还是 2012 年第 13 届威尼斯建筑双年展中国馆的参展建筑师。

项目名称: 庐师山庄别墅 A+B 宅

地点: 北京

建筑设计: 王昀

设计单位: 方体空间工作室

合作设计: 北京星胜建筑工程设计有限公司(甲级)第二设计室

业主: 北京建工地产

基地面积: 1 650.7m²

建筑面积: 1 600m²

项目时间: 2003 年 5 月

竣工时间: 2005 年 10 月

主要材料: 混凝土

图片提供: 方体空间工作室

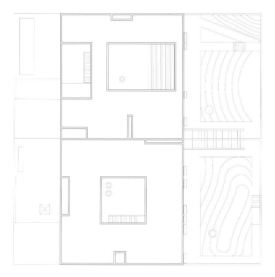

总平图

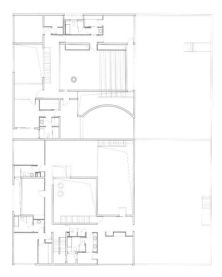

地下层平面

一层平面

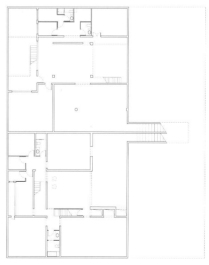

二层平面

1	2	5	6	7
3	4	8	9	

1　庭院

2　住宅 A+B 西侧两住宅连接处

3-9　室内

宋庄美术馆, 北京

由建筑师徐甜甜及其事务所 DnA 设计的宋庄美术馆位于北京通州区宋庄小堡村西北角，周围是零落的厂房和民居，建筑面积约 5 000m²。建筑的外表皮为切片黏土红砖，与村落里大面积红砖砌成的民宅相呼应，使美术馆在视觉上与小堡村的地面建筑形成呼应。建筑的主体是简洁的几何体块的排列，加上红砖的视觉效果，给人以建筑的体量感。和美术馆上部体量感相对应的是随着参观者脚步接近而逐渐产生的对建筑体量的消隐。美术馆一层采用通透的玻璃墙，建筑师试图以这种玻璃的围合让整个建筑产生悬浮的效果，同时消除传统美术馆建筑高墙深院的感觉，参观者进入过程中的仪式感，拉近了艺术欣赏者和艺术之间的疏离感。

同时一层空间内柱网的安排因循结构的需要，或粗或细，没有强制要求外观上的整齐划一，给展览空间带来随意之间的灵动。灰色地砖铺地是和小堡村当地建筑用料的又一次呼应。一层的空间用开放的态度提供了一个可供展览、图书资料阅读、咖啡厅等用途的场所。

贯通一二层的纵向空间，是两个不同用途空间的引渡，把参观者引向二层完全围合的展览或学术空间。围合的墙体是展览的载体，也为艺术交流营造了一种意境。

徐甜甜 1997 年毕业于清华大学建筑学院，后赴美国哈佛大学学习建筑城市设计，获硕士学位。后进入波士顿 Leers Weinzapfel Associates 事务所，从事过最高联邦院等公共项目。曾获 2008 年英国《建筑评论》国际青年建筑师奖。徐甜甜回国后的第一个项目并不是宋庄美术馆，而是一个 4m² 的卫生间，也就是由艾未未策划的金华建筑公园的小公共厕所。主要项目有金华建筑艺术公园 6 号作品公共厕所、宋庄美术馆、小堡驿站文化中心等。

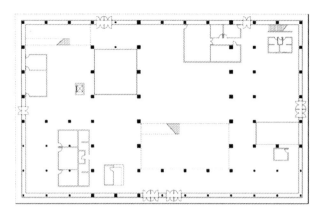

一层平面

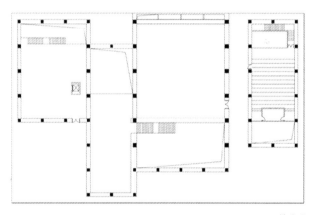

二层平面

项目名称: 宋庄美术馆

地点: 北京市通州区宋庄镇

项目建筑师: 徐甜甜、陈英男、朱俊杰

设计单位: DnA 建筑事务所

基地面积: 6 000 ㎡

建筑面积: 5 000 ㎡

设计时间: 2005 年 5 月 ~2006 年 8 月

施工时间: 2005 年 7 月 ~2006 年 8 月

摄影: 周若谷

1 | 3   1   庭院

2 | 4 5   2-3 一层内部空间

4-5 二层内部空间

伊比利亚当代艺术中心，北京

伊比利亚当代艺术中心位于北京798艺术区，是一个厂房改造项目。初始基地最大的厂房建筑面积约为1000m²，净空高达8~11m。改造设计的意图是在最大限度保持工业建筑外观的基础上，将现状零散的建筑改变为一个综合的艺术展示空间。沿街立面上引入了一道50m长的砖墙，使得原本分散的三座旧厂房产生了一道完整连续的立面。在砖这种材质的运用上，采用了三种不同的处理手法与思考方式，分别对应其后的三栋房子，使新与旧之间通过建筑形式和构造等语言进行对话。建筑室内在保留原有墙体的基础上，在高大的空间内加入了新的功能体块，除了展示空间外，还设有办公空间、书屋、报告厅、咖啡厅以及艺术书店等功能。[28]

在建筑师梁井宇看来，798艺术区中的大部分新项目，都淹没在当年的老工业建筑之中。一味对包豪斯空间的膜拜让这里沉闷而单调，新的空间完全消隐在前人的工作之中，看不到自己的痕迹。首先需要做出自己的意义，这是伊比利亚艺术中心设计的出发点。在设计的过程中，梁井宇试图介入这种老的工业建筑中所诞生的仓库美学，进行一些研究与思考。[29]

梁井宇1969年生于江西，是场域建筑（北京）工作室主持建筑师、城市研究者。1991年毕业于天津大学建筑系，后毕业于温哥华不列颠哥伦比亚大学建筑专业，获硕士学位。2000年至2002年期间，梁井宇曾作为电子艺术家为电子艺界（ELECTRONIC ARTS）游戏公司设计其游戏产品。近期完成和在案作品包括：北京伊比利亚当代艺术中心、上海民生银行美术馆及中国海关总署海关博物馆等。

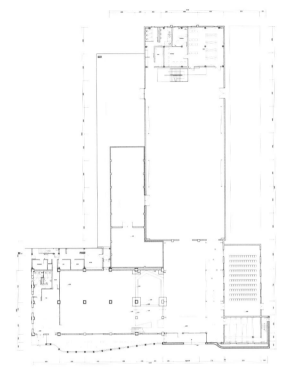

一层平面

项目名称: 伊比利亚当代艺术中心

建筑设计: 梁井宇

设计团队: 彭小虎、赵宁、李洪雷、杨洁青、周源、谷巍等

设计单位: 场域建筑

艺术指导: 鲁琼

工程团队: 北京九源三星建筑师事务所

设计时间: 2007 年 8 月

竣工时间: 2008 年 7 月

图片提供: 场域建筑

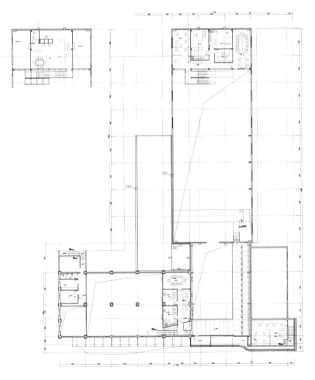

二层平面

南立面

1		5
2 3 4		

1 立面图
2 咖啡厅
3 主展厅大门
4 主展厅
5 入口门厅

高黎贡手工造纸博物馆，云南

博物馆位于云南腾冲高黎贡山下新庄村边的田野中，新庄村有很悠久的手工造纸传统。开设博物馆的目的，就是想通过器物、文献的展示来介绍手工造纸的历史、工艺和产品。正如建筑师华黎所提到的：这个项目令我感兴趣的地方有两点：一是在这样一个自然场地同时又是乡村的环境中，建筑应以何种方式植入？在传统与现代、乡土与工业的二元关系中是否存在兼容的可能？二是手工造纸作为被保护的传统资源在今天的核心价值是什么？建筑作为展示这种资源的场所如何应对这种价值？对建筑师而言，在这样一个具有强烈场所属性的乡土环境中建造博物馆，建筑的活动也属于当地传统资源保护和发展的一部分。正如造纸的保护与发展一样，建筑应当根植于当地的土壤、并从中汲取营养。

基于这样一个想法，设计开始于对当地气候、建筑资源、建造传统的考察与理解，最终采用当地传统的木结构体系做法，应用杉木、竹子、火山石、手工纸等当地常用材料，并完全由当地工匠来营建。设计最终将建筑做成由几个大小不同、高低错落的小体量组成的一个建筑聚落，如同一个微缩的村庄，这样使建筑的尺度变小，能更好的融入环境。而整个村庄连同博物馆又形成一个更大的博物馆——每一户人家都可以向来访者展示造纸的工艺。建筑的主要功能包括展厅、书店、茶室、办公空间以及一些客房。展览部分由六个形状各异的展厅围绕中心庭院组成一条连续的参观路线，访问者对建筑的游览将是在内部展览和外部优美的田园景观之间不断转换的一种体验，以此来提示建筑、造纸和环境的不可分。

建筑师华黎1994年毕业于清华大学建筑系，获建筑学学士学位；1997年获清华大学建筑学硕士学位；1999年毕业于美国耶鲁大学建筑学院，获建筑学硕士学位，之后曾工作于纽约Westfourth Architecture 和 Herbert Beckhard-Frank Richlan 建筑设计事务所。2003年回到北京开始独立建筑实践，合作创立UAS普筑设计事务所，期间同时在中央美院和清华大学建筑学院担任建筑设计课程评委。2009年创立TAO迹·建筑事务所。他主持设计过的重要项目包括：云南高黎贡手工造纸博物馆，四川德阳孝泉民族小学、水边会所、半山林取景器、常梦关爱中心小食堂等。其中，云南高黎贡手工造纸博物馆入围2013年阿迦汗建筑奖。阿迦汗建筑奖每三年颁发一次，奖项旨在鼓励那些定义建筑设计，规划实践，历史保护及景观建筑设计等领域优秀标准的设计项目。

1 入口门厅　　5 展厅四　　9 书店
2 展厅一　　　6 展厅五　　10 厨房
3 展厅二　　　7 展厅六　　11 储藏室
4 展厅三　　　8 茶室　　　12 庭院

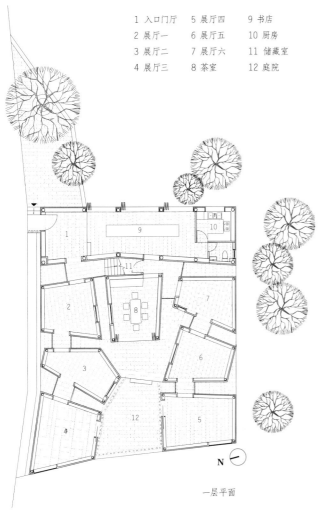

一层平面

项目名称：高黎贡手工造纸博物馆
地点：云南腾冲高黎贡山下新庄村
设计团队：华黎、黄天驹、李国发、姜楠、孙媛霞、徐银军、杨鹤峰
设计单位：TAO 迹·建筑事务所
设计时间：2008 年 ~2009 年
建造时间：2009 年 ~2010 年
建筑面积：361m²
摄影：舒赫

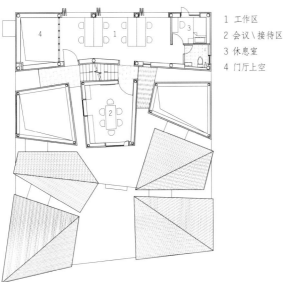

1 工作区
2 会议\接待区
3 休息室
4 门厅上空

二层平面

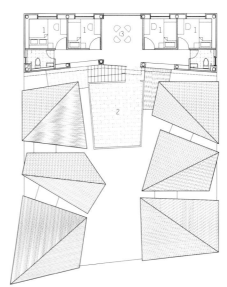

1 客房
2 屋顶平台
3 观景平台

三层平面

歌华营地体验中心，河北

　　歌华营地体验中心是一个先锋式的青少年营地，接续了中国实验建筑的脉络。该体验中心位于秦皇岛市北戴河文化创意产业园区，是国内首家符合国际标准的青少年营地。营地总建筑面积 2 700m²，功能需求包括剧场、大型活动空间、大师工作室、咖啡厅、DIY 空间、书吧、小型多媒体厅、VIP 室等。OPEN 李虎和黄文菁建筑师尝试把通常一个大型营地里所提供的活动体验压缩并有效地组织，利用最少的资源去创造最大化、最丰富的体验，让孩子在其中接受体验式教育。

　　建筑置身于自然之中，完全没有城市的喧嚣烦杂。空间通透开放，自由流动，阳光和风可以自在地穿过。灵活可变的空间轻松地适应不同的活动需求。建筑内部空间的营造围绕一个方的庭院展开，以保留基地原有的树木并提供内向的室外活动空间。"方庭"的介入既秉承了北方院落的特点，又因其与周围的互动不失现代性。相互开放的内部空间与室外方庭相通，使得同一个空间在不同的场合需求下发挥不同的功能，实现资源利用的最大化。

　　营地体验中心拥有一个120 席位的小剧场，虽然剧场规模不大，却可以承担非常专业和高质量的演出。与一般剧场不同的是，舞台后有两层大型折叠门，可以分别或同时打开，将室外庭院纳入剧场空间。表演和观看都有了无数全新的可能。

　　建筑的屋顶为绿化和各种各样的活动场地，在充分利用基地面积的同时，和周边自然环境融为一体。另外，地源热泵技术的运用可以让建筑自由的呼吸并且与大地交换能量，使它更好的与自然融为一体。

　　开放建筑是一个国际化的建筑师和设计师的团队。近些年开放建筑的研究工作密切关注亚洲国家尤其是中国前所未有的城市发展速度所带来的环境与社会问题。开放建筑由李虎和黄文菁创立于纽约，2006 年建立北京工作室。在专注于开放建筑的实践之前，李虎 1996 年毕业于清华大学建筑学院，后赴美求学，获得莱斯大学建筑学硕士学位。2000 年 ~2010 年，李虎任职于美国斯蒂文·霍尔建筑事务所，从 2005 年起成为事务所合伙人，创建并负责其北京工作室，并领导了多个重要获奖项目的设计工作，包括北京的当代 MOMA 复合住宅、深圳万科中心、南京四方美术馆、成都来福士广场等。他也是美国哥伦比亚大学北京建筑中心 Studio-X 的负责人。黄文菁曾任美国纽约贝·考博·弗里德及合伙人建筑事务所资深建筑师。

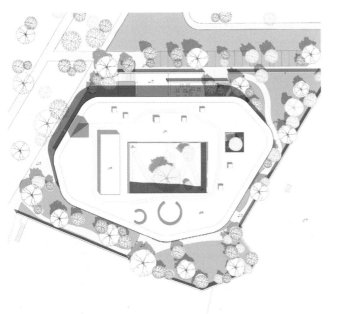

屋顶平面

首层平面

项目名称：歌华营地体验中心

地点：河北省秦皇岛市

项目主持人：李虎、黄文菁

设计团队：戚征东、托马斯、赵耀、林忠礼、汪剑伶、吴岚、葛蕊诗、Sigmund Lerner、朱德顺

设计单位：开放建筑

合作设计院：建研科技股份有限公司

照明顾问：北京八番竹灯光照明有限公司

建筑面积：2 700m²

用地面积：4 800m²

设计时间：2012 年

竣工时间：2012 年

甲方：歌华文化发展集团，小天使行动基金

功能：剧场、画廊、多媒体厅、大师工作室、DIY 空间、书吧、咖啡厅等

图片提供：开放建筑

二层平面

剖面 A-A

1	屋顶活动场地	6	变配电室
2	控制室	7	中心庭院
3	剧场休息厅	8	DIY空间
4	地缘热泵机房	9	屋顶活动场地
5	剧场	10	室外活动场地

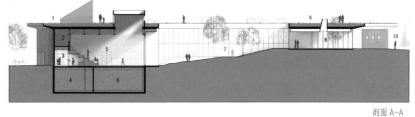

剖面 A-A

剖面 B-B		剖面 C-C	
1	屋顶活动场地	1	清洁间
2	VIP主卧室	2	化妆间
3	客房	3	多功能剧场
4	走廊	4	楼梯间
5	中心庭院	5	储藏
6	走廊	6	配电室
7	门厅	7	储藏
8	屋顶活动场地	8	走廊
		9	大师工作室
		10	画廊

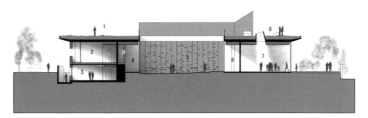

剖面 B-B

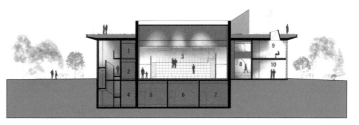

剖面 C-C

1		3	1-2 室内局部
2	4 5	3	剖面图
		4	小型活动空间
		5	书吧、咖啡厅

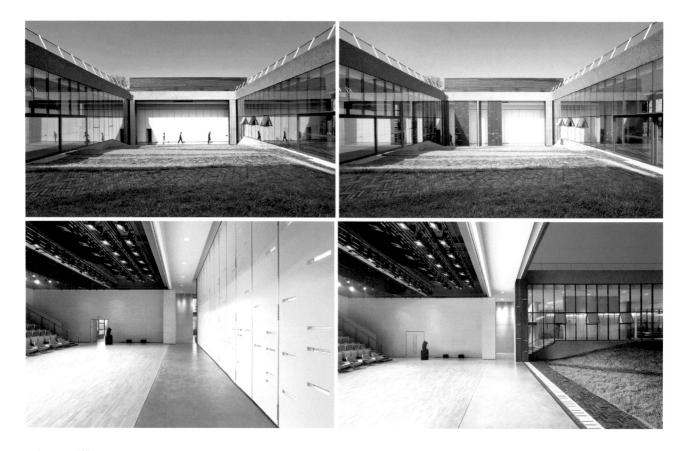

1	2		1-5 剧场
3	4	6	
5			6 剧场折叠门夜景

注释 NOTE

15 周榕. 建筑师的两种言说 [J]. 时代建筑, 2005, 1.

16 李翔宁. 权宜建筑——青年建筑师与中国策略 [J]. 时代建筑, 2005, 6.

17 业余建筑工作室. 中国美术学院象山校园一、二期工程, 杭州, 中国 [J]. 世界建筑, 2012, 5.

18 刘家琨. 鹿野苑石刻博物馆 [J]. 北京规划建设, 2004, 6.

19 栗宪庭. 与水为邻——百子甲壹宋庄工作室 [J]. 时代建筑, 2012, 1.

20 李翔宁. 权宜建筑——青年建筑师与中国策略 [J]. 时代建筑, 2005, 6.

21 Iwan Baan. 混凝土缝之宅, 南京, 中国 [J]. 世界建筑, 2011, 4.

22 张洋, 杨涛, 王德勤, 张克勤. 鄂尔多斯博物馆双曲异型金属屋面施工技术 [J]. 中国建筑防水, 2011, 10.

23 尚荔等. 鄂尔多斯博物馆 [J]. 建筑创作, 2012, 6.

24 周榕. 神通、仙术、妖法、人道——60 后清华建筑学人工作评述 [J]. 时代建筑, 2013, 1.

25 侯正华, 张轲, 张弘, 克劳迪娅·塔波达, 董丽娜, 孙伟. 雅鲁藏布江小码头 [J]. 风景园林, 2011, 4.

26 参见 Pchouse, 国际大奖 2010 年阿迦汗建筑奖作品展示.

27 方振宁. 单纯和复杂同构——王昀的庐师山庄 A+B 住宅 [J]. 时代建筑, 2006, 3.

28 梁井宇. 伊比利亚当代艺术中心 [J]. 城市·环境·设计, 2009, 12.

29 王渊. 从反抗到融合——伊比利亚当代艺术中心 [J]. 中国室内装饰装修天地, 2008, 8.

第二章
打开新视野 寻找新答案

一、建筑设计院新世纪作品

自 1952 年全国建筑设计力量纳入计划经济的设计院体制以来，这个体制在中国的建筑设计中一直占主导地位。改革开放以来，设计院体制发生了巨大的变化，在新兴多元的建筑设计市场上，碰到了许多新问题。建筑设计院体系的设计在进入 21 世纪以来打破了原来中规中矩的模式，作出了新的探索。同时因其在规模上的优势，让他们的建筑实践的影响范围更广，在中国建筑发展的主流道路上起到方向性引导的作用。建筑设计院以"建筑服务社会"为核心理念，充分利用设计与科研、人才与技术等综合优势，开拓更广阔的业务市场，设计出一批享有盛誉的建筑作品。

安阳殷墟博物馆，河南

　　殷墟是中国历史上有文献可考的最早的古代都城遗址。遗址范围太大，故博物馆无法按常规设置在保护区的外围或边缘，而是选择建于恒河西岸的遗址区中心地带。为减少对遗址区的干扰，设计尽量淡化和隐藏建筑物体量，博物馆主体沉于地下，地表用植被覆盖，使建筑与周围的环境地貌浑然一体，最大限度地维持了殷墟遗址原有的地貌。

　　殷墟博物馆是目前国内唯——家较专业、系统展示商代文物的博物馆，该馆严格按照科学、环保、安全、符合遗址保护的标准进行规划设计，同时尽可能地与殷墟遗址景观相协调。设计中考虑到全面地展现殷墟的各种考古成就和甲骨文、青铜器等珍稀文物的文化价值的使用需求，利用中心下沉庭院和长长的回转坡道等不同空间的变化以及材料的运用，在细节处理上强化对遗址和文物的提示。

　　方正的中央庭院敞口向天，打破了整个博物馆过于压抑沉闷的感觉，同时作为展厅的前导空间，具有隐含的礼仪性。水刷豆石是博物馆外观最基本的材料，用于面积有限的外墙和下沉坡道的侧墙。这种圆角的豆石取自当地，演绎了博物馆古朴而内敛的表情。青铜墙体出现在中央庭院，四壁为稍高出周围的地面，肌理颗粒粗犷，朴素而厚重。

　　建筑师崔愷 1984 年毕业于天津大学建筑系，获硕士学位，现为中国建筑设计研究院副院长、总建筑师，国家工程设计大师，2011 年当选中国工程院院士。曾获梁思成建筑奖和亚洲建筑师协会金奖。主要作品有丰泽园饭店、北京外国语教学与研究出版社办公楼、拉萨火车站、长城脚下公社之三号别墅、河南安阳殷墟博物馆、德胜尚城等。

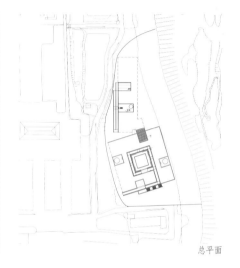

项目名称: 安阳殷墟博物馆

工程地点: 河南省安阳市

方案设计: 崔愷、张男、康凯、喻弢

设计主持: 崔愷

设计单位: 中国建筑设计研究院崔愷建筑工作室

用地面积: 6 520m²

建筑面积: 3 525m²

设计时间: 2005 年 3 月

竣工时间: 2005 年 9 月

图片提供: 中国建筑设计研究院崔愷建筑工作室

总平面

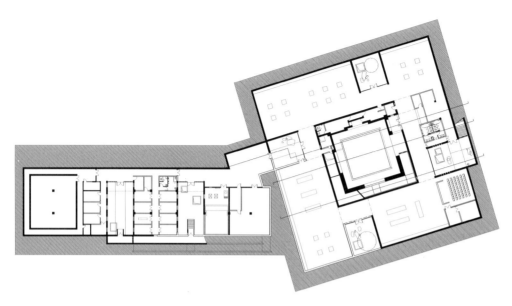

1 平面图

2 站在坡道上看水院

3 剖面图

4 围壁立面上的青铜纹饰

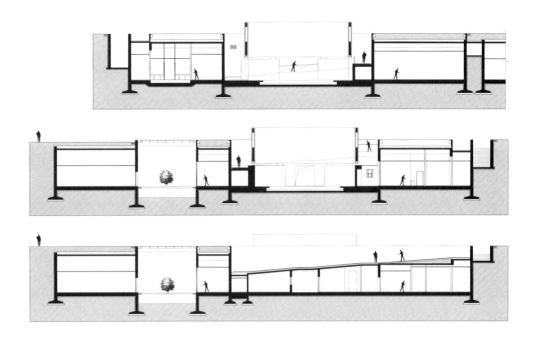

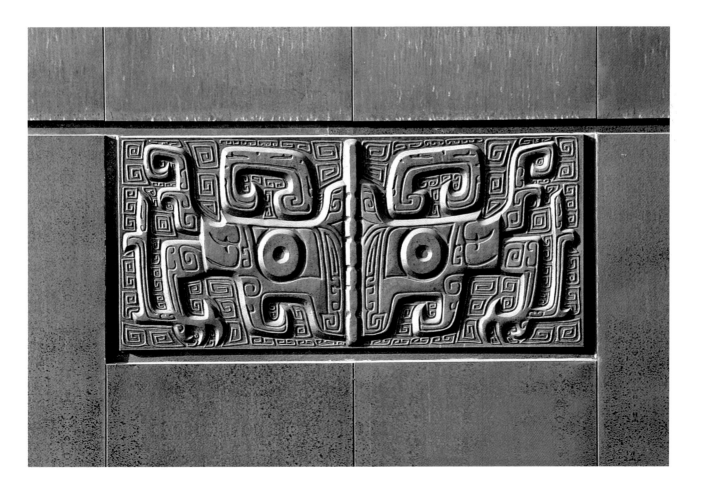

乌鲁木齐二道桥国际大巴扎，新疆

  巴扎是"Bazzar"的音译，原意为"大的市场"，提供集中自由交易的空间。新疆国际大巴扎位于乌鲁木齐维吾尔族人集中居住地，借巴扎的含义和形式，组合了一组集合商业、旅游、餐饮、演艺功能的综合性建筑。

  大巴扎的设计在现代建筑原理的指导下，结合了伊斯兰及维吾尔传统建筑风格。整个建筑群由五栋商业楼、一个清真寺及观景塔、一条商业街和一个广场组成。建筑群之间由四季步行街连接，同时地下商场和车库也提供了到达不同商业楼的出口。建筑群中的"留白"空间是广场。

  观景塔居广场的中心位置，提供了观景的最佳视野。清真寺位于广场的西北侧，设置充分考虑了建筑当地的宗教文化需求，再现了传统巴扎形式——露天巴扎，位于观景塔的西侧，正对广场。每个独立建筑屋顶都加有穹顶，使建筑群总体风格统一，

具有伊斯兰建筑的符号性特征，同时提供为建筑内部采光的功能。建筑的主体结构为钢筋混凝土框架结构，圆顶采用钢结构。建筑立面装饰、用色符合伊斯兰建筑风格和维吾尔族用色习惯，与当地人文景观紧密结合。

  建筑师王小东1963年于西安冶金建筑学院（现西安建筑科技大学）建筑学专业毕业，曾任新疆建筑设计研究院院长，长期在新疆从事建筑设计和理论研究工作。主要设计作品有乌鲁木齐烈士陵园、新疆博物馆、新疆地矿博物馆、乌鲁木齐红山体育馆、新疆国际大巴扎等。2005年获国际建协（UIA）罗伯特·马修奖（改善人类居住环境奖），2007年获"第四届梁思成建筑奖"，2007年被选为中国工程院院士。王小东设计的新疆二道桥国际大巴扎成为乌鲁木齐地标性建筑。

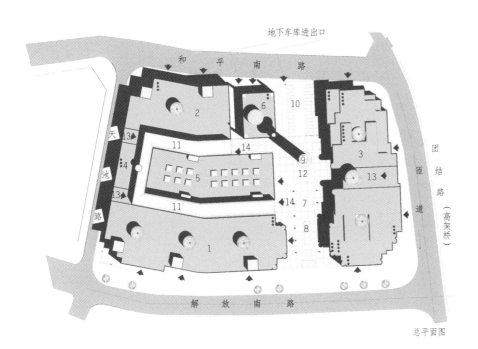

总平面图

1 1号商业楼
2 2号商业楼
3 3号商业楼
4 连廊
5 露天巴扎
6 清真寺
7 广场
8 喷水池
9 观景塔
10 停车场
11 四季步行街
12 演出舞台
13 一层消防车通道
14 家乐福超市入口

项目名称: 乌鲁木齐二道桥国际大巴扎

地点: 新疆乌鲁木齐

设计团队: 王小东、王宁、钟波、杨少芸 (已故)

设计单位: 新疆建筑设计研究院

建筑面积: 90 000m²

竣工时间: 2003 年 8 月

图片提供: 王小东

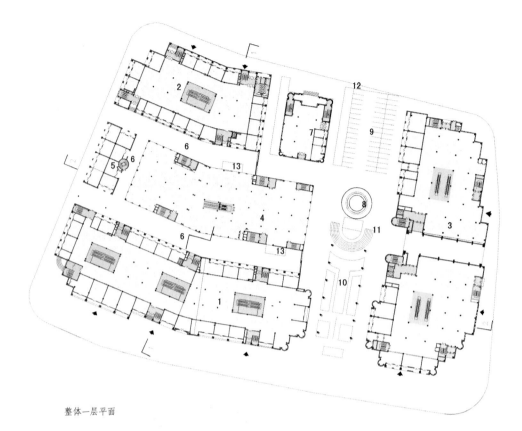

1 1号商业楼
2 2号商业楼
3 3号商业楼
4 露天巴扎
5 连廊
6 四季步行街
7 清真寺
8 观景塔
9 停车场
10 广场
11 演出台
12 地下车库
13 地下超市

整体一层平面

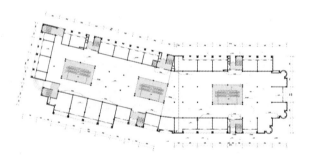

1号楼一层平面

3号楼一层平面

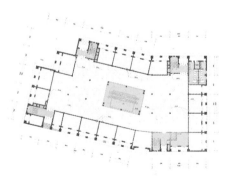

2号楼一层平面

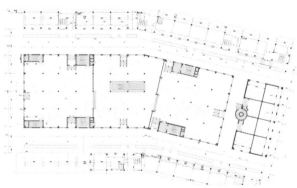

连廊及露天巴扎一层平面

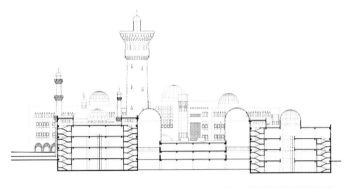

1 平面图
2 剖面图
3 模型
4-5 外观

南京大屠杀纪念馆新馆，江苏

　　南京大屠杀纪念馆新展馆属南京大屠杀纪念馆扩建工程项目之一，所处基地位于原馆的东侧，周围开发成绿化带，突出了纪念馆的中心位置，带来视觉通达性。空间布局上，一条中轴线串联起新展馆，入口广场，遗址庭院、万人坑遗址、祭祀庭院、冥思厅、和平女神纪念雕像等主要构筑物，呼应了总体构思中"战争、杀戮、和平"三个概念。让参观者的心情伴随着在中轴线上的位移，产生一个肃穆、净化、哀思、平静到新生的心理过程，营造出纪念性建筑的场所精神。所以在人们看到大屠杀纪念馆后，产生对犹太人屠杀纪念馆的联想，可能就出自于空间轴线的安排和气氛。

　　在整体布局上，清水混凝土墙围合了一个广场，广场以白色砂石覆盖，增加了广场的空旷感，凸显出广场上的纪念性雕塑。新展馆屋顶延伸至广场，用屋顶宽大的女儿墙将纪念广场与周边环境隔绝。

　　为了与老馆保持整体的一致性，新展馆建筑将主要展览部分埋入地下，高度与老馆基本保持一致。在地面部分，新展馆外形东高西低，呈斜置的三角形体块。配合了狭长的地形，同时具有强烈的符号象征意义。同时通过参观路线的安排，新老建筑巧妙地发生联系，原来已有的纪念元素如十字架和古城墙遗址，被纳入到广场体系。

　　担纲设计的建筑师何镜堂是华南理工大学建筑学院院长、中国工程院院士。先后主持和负责设计的重大工程有世博会中国馆、珠江新城西塔、广州国际会议展览中心、大都会广场及市长大厦、广东奥林匹克体育中心、佛山世纪莲体育中心等。多年来，何镜堂院士获国家、部委及省级以上优秀设计奖100多项，2001年，获首届"梁思成建筑奖"。

项目名称：南京大屠杀纪念馆新馆

地点：江苏省南京市河西新区

主创建筑师：何镜堂

主要合作建筑师：倪阳、刘宇波 林毅、何小欣、姜帆、麦子睿、吴中平、包莹

设计单位：华南理工大学建筑设计研究院

用地面积：74 000m²

建筑面积：约 20 000 m²

设计时间：2005 年 06 月

竣工时间：2007 年 12 月

图片提供：华南理工大学建筑设计研究院

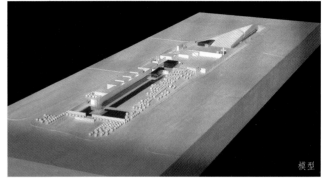

模型

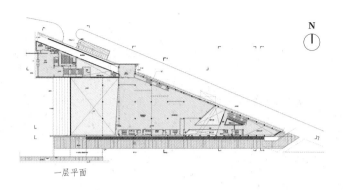

一层平面

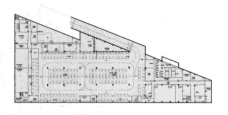

地下二层平面

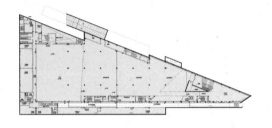

地下一层平面

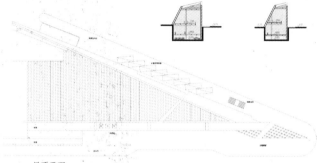

屋顶平面

1		1 平面图
2 3	4	2-4 室内空间

李叔同（弘一大师）纪念馆，浙江

　　李叔同（弘一大师）纪念馆位于浙江省平湖市东湖风景区。基地为独立小岛，周边临水，由北端小桥进入。基地面积为11 000㎡，建筑总面积2 800㎡，其中纪念馆面积为1 600㎡。

　　纪念馆由三组建筑组成。沿公园入口主通道依次布置了管理用房、叔同书画馆和弘一大师纪念馆。鉴于弘一大师特定的佛教文化背景，以及平湖市希望纪念馆成为该市的一张名片，设计采用隐喻的手法，"水上清莲"的造型给人们以深刻的印象。

　　纪念馆的尺度是研究重点。它有两种尺度要求，即在公园内的尺度和其在东湖景区范围的尺度。体型过大将影响整体环境，过小则似小品而不似建筑，根据各个角度的电脑合成分析，纪念馆的外径为48m，建筑高度也考虑了与树冠高度的互相关

系。由于纪念馆突出在水面，岛上树木基本保留，郁郁葱葱的林木与建筑相互映衬，有很好的景观效果。

　　建筑师程泰宁1935年出生于江苏南京，1956年毕业于南京工学院（现东南大学），现任中国联合工程公司总建筑师、中联•程泰宁建筑设计研究所主持人。2000年被评为中国勘察设计大师，2004年获"梁思成建筑奖"，2005年当选为中国工程院院士。程泰宁参加过北京人大会堂、南京长江大桥头建筑等重大工程的方案设计，主持了杭州铁路新客站、加纳国家剧院、马里会议大厦、黄龙饭店、绍兴市民广场、联合国小水电中心、杭州假日酒店、平湖李叔同纪念馆、绍兴鲁迅纪念馆、海宁博物馆等国内外重要工程四十余项。

项目名称: 李叔同 (弘一大师) 纪念馆

地点: 浙江省平湖市

主要设计人: 程泰宁、梁燊天、邱文晓

设计单位: 中联·程泰宁建筑设计研究所

建筑面积: 2 800m²

设计时间: 2001 年

竣工时间: 2004 年

图片提供: 中联·程泰宁建筑设计研究所

总平面

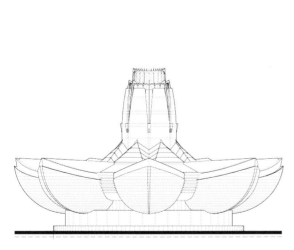

立面图

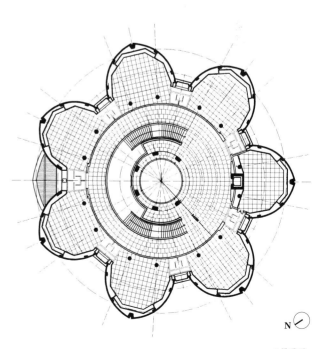

二层平面

N

1 外观

2-3 内景

桥梓艺术公社建筑师工作室, 北京

桥梓艺术公社位于北京市怀柔区桥梓镇沙峪口，由多名艺术家的工作室和北京大学视觉与图像研究中心学术基地组成，是一个独立的艺术家群体村落。桥梓艺术公社建筑师工作室是2004年由群艺术家集合在桥梓镇开拓的艺术家创作基地中的一幢建筑。

此建筑形式呈简约的箱体，沿长轴中线切出一道深缝，形成强烈的纵深与序列感。箱体架空于凹地之上，使下层空间变得既通透又开放，上部室内空间亦由中厅上下贯通，并有一空中小院将空气与阳光引入中中。工作室主入口由一架小桥连接入口广场，使建筑物的厚重与轻盈产生微妙的对比。工作室以质朴、直接的手法解读对工作室空间的安排与理解。

简约是一种追求但并不失对空间品质的关注与用心。

孟建民1982年毕业于南京工学院（现东南大学），获建筑学学士学位，1985年毕业于南京工学院，获建筑学硕士学位，1990年毕业于东南大学，获工学博士学位。历任东南大学、天津大学、哈尔滨工业大学、华南理工大学等兼职教授，现任深圳市建筑设计研究总院有限公司总建筑师。2002年成立孟建民建筑研究所至今，已发展成为近80人的建筑研究所，参与重大工程项目300余项，拥有多样化的项目经验，包括文化、办公、医疗、交通、体育、商业及城市设计等，主要作品有昆明云天化总部大楼、合肥美术馆、中国科学技术馆、北京桥梓公社建筑师工作室等。

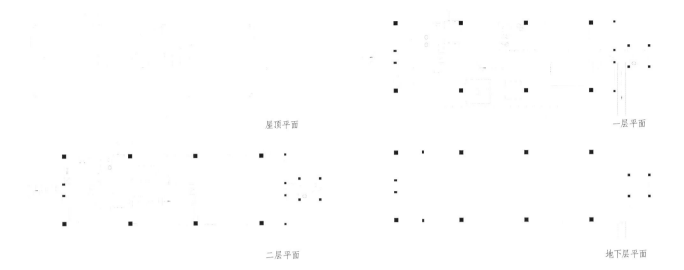

屋顶平面　　　　　　　　　　　　　　　　一层平面

二层平面　　　　　　　　　　　　　　　　地下层平面

项目名称：桥梓艺术公社建筑师工作室
地点：北京市怀柔区
主要设计人：孟建民
设计单位：孟建民建筑研究所
竣工时间：2010 年 10 月
建筑面积：539m²
图片提供：孟建民建筑研究所

旬会所，北京

　　旬会所位于北京百子湾路上，基地原是一处旧有的车站维修住房。散落院中的松柏、梧桐等树木是基地的重要特征，如何利用现存的很有价值的树木是设计师考虑的问题。

　　设计从原有建筑的特点出发，把南面的平房作为展览空间；北部的单坡顶平房作为 VIP 房使用；西侧建筑则作为厨房和其他辅助功能房间。而中部的建筑由于位于基地的中心地带，因此设计师试图把新建筑镶嵌到其中，在起到统领各个功能空间的同时，与旧有建筑形成对话。设计把新建筑特意向东旋转了一个角度，为的是让作为整个院子里唯一的新建筑的"主吧"在外观上与旧有建筑空间格局形成冲突。

　　由于会所的主入口只能设置在东侧，且开口在南部建筑和中部建筑之间，为了让客人不直接进入院落，保持神秘感，设计在主入口前加了一道钢框玻璃门，玻璃采用竖线条磨砂处理，两层玻璃错位安装，阻隔正面视线。同时结合"仪门"的考虑，设计了面向庭院的高大构筑物，在形象上取传统建筑牌楼的意象，采用了一排不锈钢管作为"瓦屋顶"的象征，成为南部庭院中主要的

视觉焦点。[30]

　　有批评家认为，如果从策略语境而言，旬会所是一个好建筑。"在国有大设计院以其超级规模和应变力、生产力，不断重塑中国城市空间格局的时代，朱小地却试图返身于'小'、'慢'和'精致'，以超级掌控力和卓绝精力，营造了这个有意规避市场规律的、小众的、雅趣的、临时的、'政治正确'的建筑，确实显得'卓尔不凡'。"[31]

　　当然，批评家更期待的"旬会所"，是积极与都市语境对话的空间。

　　建筑师朱小地 1988 年毕业于清华大学建筑系建筑学专业，同年进入北京市建筑设计研究院工作，现为北京市建筑设计研究院有限公司董事长，总建筑师。在长期的设计工作中，他逐渐形成了将复杂的设计首先进行理性整合，从而使题目在新的理解层面上形成某种秩序性，然后再寻求感性突破的契机，最终使方案呈现出张力的设计方法。主要作品有北京 SOHO 现代城、博鳌金海岸大酒店、海南寰岛（泰得）大酒店、南天大厦、北京银泰中心秀酒吧、旬会所等。

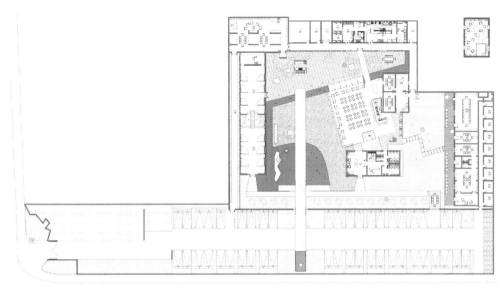

总平面

项目名称: 旬会所

地点: 北京市东四环百子湾路口

主创建筑师: 朱小地

合作建筑师: 高博

设计单位: 北京市建筑设计研究院
有限公司

建筑面积: 1664m²

设计时间: 2008 年 1 月

竣工时间: 2010 年 8 月

摄影: 傅兴

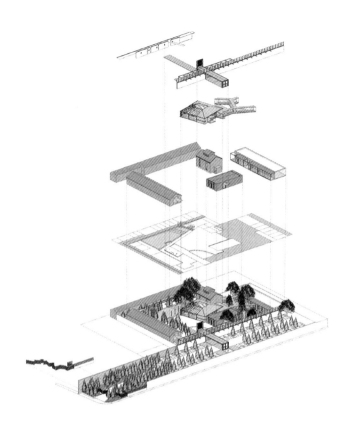

1 | 3 4   1 建筑元素分析图
2 | 5 6   2-3 室内空间
       4 展厅门局部
      5-6 展厅室内

兴涛展示接待中心，北京

　　兴涛展示接待中心位于北京市大兴区一个商品住宅小区的入口处，既是接待会客的公共场所，也以其独到的现代建筑语言成为整个区域的焦点。

　　建筑师为两层的展示接待中心确定了这样的功能及空间安排：一层以封闭的实墙围合的空间为主，使刚来的客户先通过介绍及展示模型来了解一个"虚拟"的社区；二层则通过通透的空间及各个不同视点的室外平台，让客户能在较高的视点观看已经建成的真实的社区建筑与环境；最后再进入一个标准样板间单元室内亲身考察。

　　人的运动当然与看房子的目的相关，所以在这个小建筑中人的运动路线与墙板的运动路线是大致吻合的。人随墙走，墙随人动；动中观景，人在景中，这应该是对"人、墙、景"关

系的形象概括。"这个小建筑试图将它特有的商业特征与中国传统园林的空间体验和东方意味融合在一起，用一种有趣的、传统的方式来实现商业的、现代的功能，并使用当地的、现时/现代的、可操作的技术满足业主的现实需求和低造价下的快速建造。"[32]

　　建筑师李兴钢1969年出生于河北唐山，1991年获天津大学建筑学学士学位，2012年获得天津大学建筑设计及理论专业博士学位。现任中国建筑设计研究院副总建筑师、李兴钢建筑设计工作室主持人等。代表作品有北京兴涛学校、北京兴涛展示接待中心、建川文革镜鉴博物馆暨汶川地震纪念馆、北京复兴路乙59-1号办公楼改造等项目等，中国国家体育场（俗称"鸟巢"）中方设计主持人。

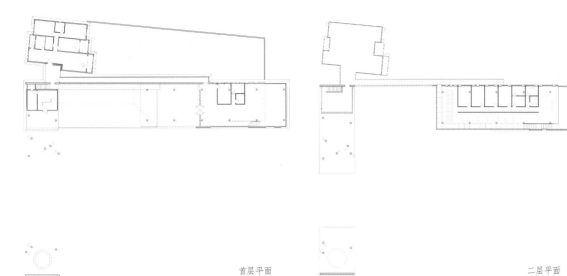

首层平面   二层平面

项目名称: 兴涛展示接待中心

地点: 北京市大兴区

主要设计人: 李兴钢

设计单位: 中国建筑设计研究院李兴钢建筑工作室

用地面积: 211 000m²

建筑面积: 280 000m²

设计时间: 1995 年

竣工时间: 2000 年

摄影: 张广源

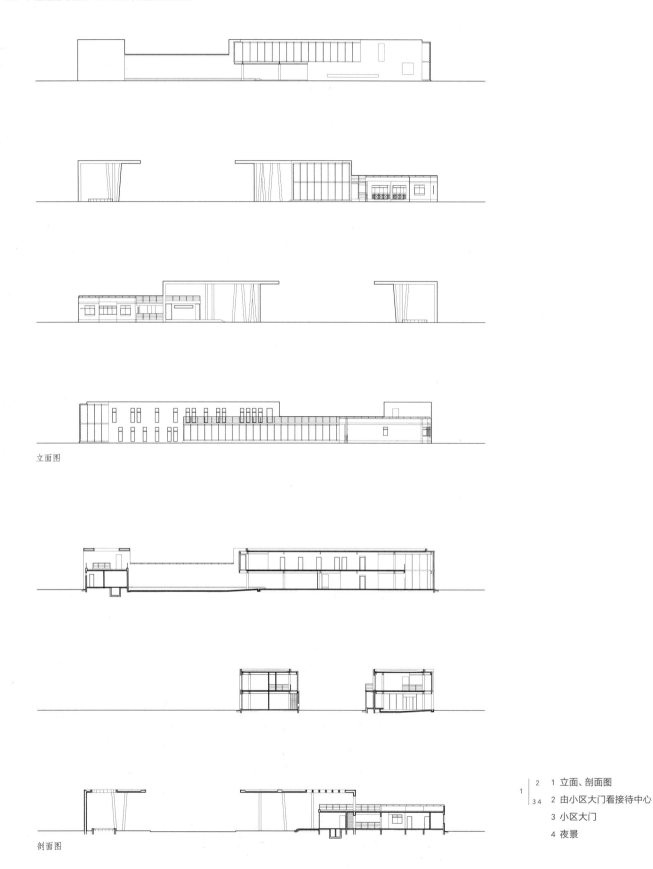

立面图

剖面图

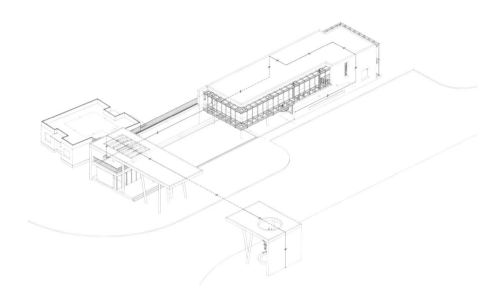

1 | 1　轴测分析图
2 | 3 | 2　玻璃廊
　　　3　由入口看小区大门

望京科技园二期，北京

望京科技园二期位于北京市朝阳区望京新兴产业区北部，五环路南侧，地处城市边缘，环境较好。基地总面积为 46 297m²，建筑占地 256 916m²，是一个配套齐全的办公建筑。

建筑由四栋多层建筑组成，A 栋位于建筑西北部，与之并列北侧的是 B 栋，C 栋位于基地东南侧，D 栋则以一个类楼梯的空间将 A、B、C 栋建筑连接起来，使之成为一个整体。三栋建筑都沿用地边缘布置，为城市空间提供了连续的沿街立面。

在功能上，A 栋首层为会议中心，二层设计为一个展厅，三四五层为出租办公，六层为业主自用办公。B、C 栋均为办公楼，不同之处是 B 栋的屋顶布置了一个灯光网球场。在建筑形体上，A、B、C 三栋建筑平面极为类似，都是在矩形平面内两端布置核心筒，这样处理一方面是考虑交通便捷，减少相互间的干扰，更主要是考虑这样设计会使平面布局十分灵活，有利于业主的出租出售。A 栋建筑的顶层设计了一个大悬挑的空间，大尺度的悬挑体量均衡了整个建筑的体量关系，同时也强调了

会议中心的入口位置，给人以一种视觉冲击力。D 栋作为 A、B、C 三栋建筑的连接体，是整个建筑的枢纽。地上两层布置门厅、展厅、咖啡厅和管理用房，地下是一个中等规模的职工餐厅，可为整栋大楼的办公人员提供餐饮服务。

为追求现代感，整个建筑均采用玻璃幕墙做外立面。玻璃幕墙的形式根据建筑体型的变化与内部功能的使用需求产生变化。有隐框单元式玻璃幕墙、密肋式玻璃幕墙、显框分格渐变式玻璃幕墙及双层通道式玻璃幕墙。[33]

建筑师胡越毕业于北京建筑工程学院建筑系，1986 年至今在北京市建筑设计研究院工作，现任北京市建筑设计研究院有限公司总建筑师、中央美术学院建筑学院教授等，全国勘察设计大师。作为主要设计人参加了亚运会英东游泳馆和奥林匹克体育中心总图的设计工作。作为主持人和方案设计人先后主持设计了摩洛哥游泳馆、国家经贸委综合楼、豪威大厦、北京国际金融大厦、望京科技园二期等工程，并为五棵松体育馆项目总负责人。

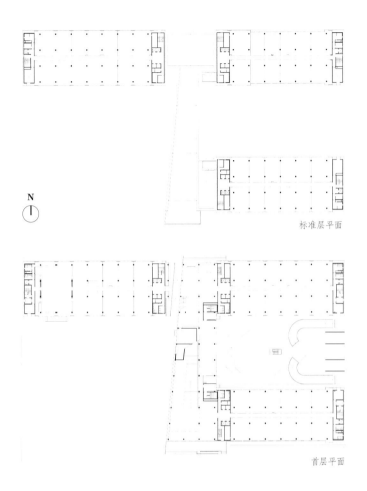

标准层平面

首层平面

项目名称: 望京科技园二期

地点: 北京市朝阳区望京新兴产业区北部

工程主持人: 胡越

设计单位: 北京市建筑设计研究院胡越工作室

设计时间: 1999 年 1 月~2001 年 10 月

竣工时间: 2003 年 9 月

建筑面积: 46 297m²

摄影: 陈述、杨超英

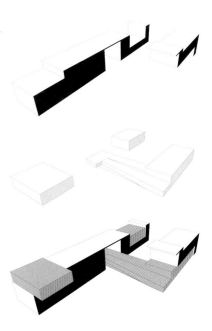

上海光源工程，上海

上海光源（Shanghai Synchrotron Radiation Facility），英文缩写为 SSRF，位于张江高科技园区，是我国迄今为止最大的大科学装置和大科学平台，对推动中国多学科领域的科技创新和产业升级产生重大作用。规划构思从宏大的宇宙行星轨迹中获得设计灵感，结合光束线的发散方向，以渐开的鹦鹉螺数理曲线为构图框架，这既是对地块规划的巧妙组织，又契合了光源项目的科技理念。

主体建筑由直线加速器、增强器、周长 432m 的储存环隧道以及实验大厅和实验辅助用房等组成，是一个面积约 3.9 万 m² 的环形建筑。主体建筑的造型由八组采用平面数理渐开线定位的螺旋上升的拱壳共同组成，每组壳间采用弧形玻璃条带连接，在打破屋顶、立面分界线的同时更突出整体形态的流畅，与总平面的构图框架形成呼应，在产生动感的同时，与光束线衍射的轨迹相吻合，体现了独特的科技理念。

在主体建筑的屋面设计中，其复杂的不规则曲面既为建筑设计的空间定位和曲面修复带来难度，也给双曲扭面铝板加工工艺造成前所未遇的挑战，该屋面雨水系统设计既要贴合立面造型，又要兼顾经济性，采用了虹吸和重力系统相结合的方式。屋面的防水保温通过采用新材料，达到了两种材质合一的效果，并最终形成了光源项目独创的屋面体系。

上海建筑设计研究院有限公司是该项目的唯一建筑设计方。上海建筑设计研究院有限公司（简称 SIADR）原名上海市民用建筑设计院，创建于 1953 年，1998 年与华东建筑设计院合并组建上海现代建筑设计（集团）有限公司，是一家国际领先具有工程咨询、建筑工程设计、城市规划、建筑智能化及系统工程设计资质的综合性甲级建筑设计院，也是中国乃至世界最具规模的设计公司之一。

项目名称：上海光源工程

地点：上海市浦东新区张江高科技园

主要设计人：钱平、潘嘉凝、李颜、王静宇、王彦杰、汪伶红、胡世勇

设计机构：上海建筑设计研究院有限公司

设计时间：2003 年

建成时间：2007 年

总建筑面积：53 393 ㎡

总用地面积：约 200 000 ㎡

图片提供：上海建筑设计研究院有限公司
　　　　　中国科学院上海应用物理研究所

主环屋顶层平面

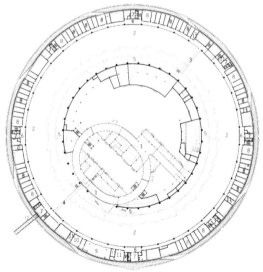

主环二层平面

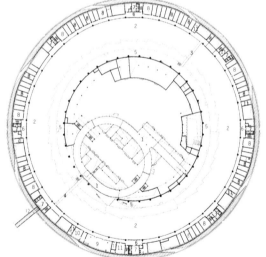

主环一层平面

N

1 设备管线夹层	5 内技术走廊上空	9 主控室
2 实验大厅上空	6 外技术走廊	10 主机房
3 活动人行天桥	7 休息厅	11 设备机房
4 固定人行天桥	8 外围办公用房	12 连廊

1 直线加速器隧道	6 外技术走廊	出入口	15 中等实验室
2 增强器隧道	7 增强器隧道中心区	11 货厅（内环）	16 实验准备室
3 储存环隧道	8 环中心区	12 货运门厅（外环）	17 设备机房
4 内技术走廊	9 中心区设备机房	13 门厅	
5 实验大厅	10 内技术走廊至中心	14 大型实验室	

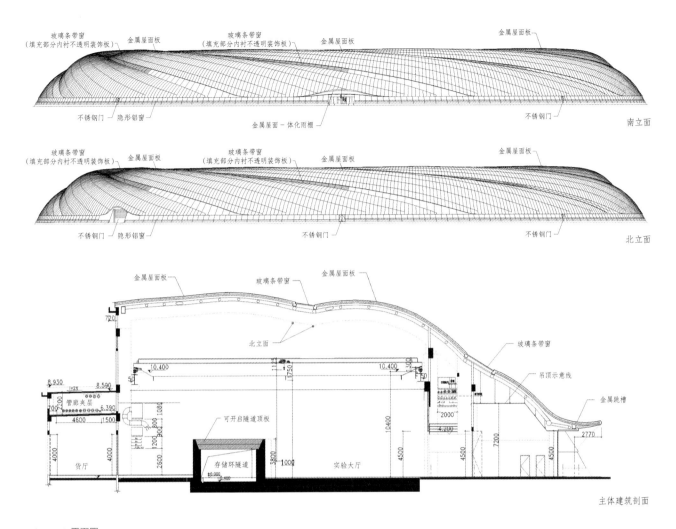

玻璃条带窗
(填充部分内衬不透明装饰板) 金属屋面板
玻璃条带窗
(填充部分内衬不透明装饰板) 金属屋面板
金属屋面板

不锈钢门 隐形铝窗 金属屋面一体化雨棚 不锈钢门 南立面

玻璃条带窗
(填充部分内衬不透明装饰板) 金属屋面板
玻璃条带窗
(填充部分内衬不透明装饰板) 金属屋面板
金属屋面板

不锈钢门 隐形铝窗 不锈钢门 不锈钢门 北立面

金属屋面板 玻璃条带窗 金属屋面板

北立面 玻璃条带窗
吊顶示意线
金属跳槽

管廊夹层

可开启隧道顶板
存储环隧道 实验大厅

货厅 主体建筑剖面

14	5	1-3 平面图
	6	
23	78	4 建筑局部
		5 立面图
		6 剖面图
		7-8 主体建筑

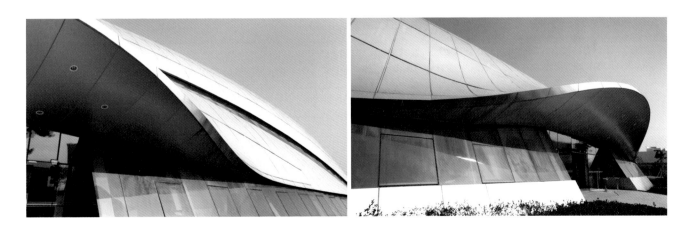

二、学院建筑师的创作之道

　　作为建筑设计院体系的重要补充，建筑学院的教师和建筑师的思考和实践更多地体现在处理现代与传统、功能与精神、国际化与民族性的关系上。他们坚持理论与实践相结合，探索新的理论体系与方法，坚持教学、科研和实践相结合，认真设计，形成了自己的特点：关注国内外学科发展的前沿课题，又了解中国国情；关注中国城乡建设的重大课题，重新认识建筑与所在地文化融合的重要性，诠释了建筑的地域性特征。

中央美术学院迁建工程，北京

吴良镛先生领衔设计了中央美术学院迁址工程。中央美术学院是 1950 年 4 月由北平艺术专科学校与华北大学三部美术系合并成立的。北平艺术专科学校的历史可以上溯到 1918 年由著名教育家蔡元培先生积极倡导下成立的国立北京美术学校，这是中国历史上第一所国立美术教育学府，也是中国现代美术教育的开端。

中央美术学院因原地无法发展，20 世纪 90 年代中期，决定迁至北京城东北望京小区的南湖公园东侧。新校园占地 13.2hm²，包括中央美院和附中两部分，在地段东北有绿地将两者分开。美院包括行政办公部分、教学部分（图书馆、美术馆、教学主楼、雕塑馆、大石膏教室等）、宿舍及食堂等生活部分、体育运动部分、后勤服务部分等。附中包括行政及教学楼、报告厅、图书馆、风雨操场、学生宿舍及食堂等。

新校园总建筑面积约为 11 万 m²，其中第一期建设 76 773m²，美术馆及设计楼安排在第二期。新校园第一期工程于 2001 年 9 月竣工。整体设计多元共融，自始至终贯穿着建筑、规划、园林三位一体的整体设计思想，设计者从地段和环境出发，抓住美院的特殊要求，如：需要大量的天光画室、需要大石膏教室供学生素描和接待展示之用、雕塑系与主教学楼之间既要隔离又要联系；借鉴东西方大学校园的原始模式，如：中国的书院空间以及西方基督教大学的方院子；以院落体系组织空间，熔建筑、规划、园林、艺术于一炉，并始终互相关照，形成了多进院落连通、空间层次丰富、景观环境幽雅、交流氛围浓郁、整体协调秀美的校园环境[34]。

吴良镛先生 1922 年生于江苏南京，1944 年毕业于重庆中央大学建筑系，获工学学士学位，1946 年开始协助梁思成创办清

项目名称：中央美术学院迁建工程

地点：北京市朝阳区

总建筑师：吴良镛

工程总负责人：栗德祥、庄惟敏

设计单位：清华大学建筑设计研究院

建筑面积：76 773m^2

设计时间：1994 年

竣工时间：2001 年 9 月

摄影：杨超英、王南

模型

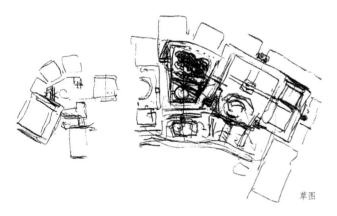

草图

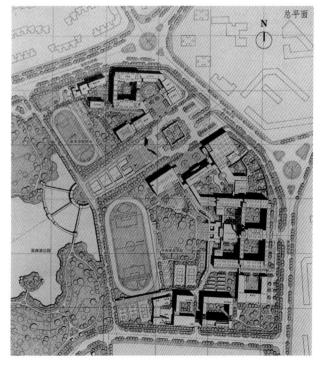

总平面

华大学建筑系。1948~1950 年在美国匡溪艺术学院建筑与城市设计系学习，并获硕士学位。1950 年回国后在清华大学建筑系任教至今。中国科学院院士、中国工程院院士。作为城市规划及建筑学家、教育家，吴良镛先生长期致力于中国城市规划设计、建筑设计、园林景观规划设计的教学、科学研究与实践工作。教学上注重理论联系实际，倡导建筑与城市规划相结合，为北京、桂林、三亚、深圳等城市的规划，特别是旧城区改造整治规划设计工作做出贡献。专著《广义建筑学》对建筑学与社会学、经济学等多学科的综合研究进行了理论探索。他多次获得国内外嘉奖，1996 年被授予国际建协教育 / 评论奖，2012 年 2 月 14 日，吴良镛获 2011 年国家最高科学技术奖。此外在他主持参与的多项重大工程项目中，北京市菊儿胡同危旧房改建试点工程获1992 年度的亚洲建筑师协会金质奖和世界人居奖。

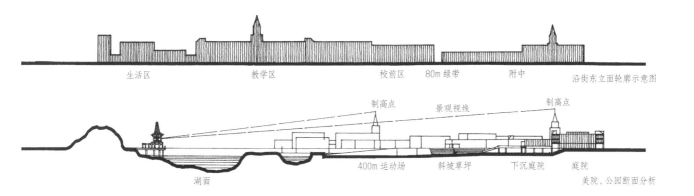

生活区　　　　　教学区　　　　校前区　80m绿带　　附中　　　沿街东立面轮廓示意图

制高点　　　　景观视线　　　　制高点

400m运动场　　斜坡草坪　　下沉庭院　庭院

湖面　　　　　　　　　　　　　　　　美院、公园断面分析

1	4	
	5 6	
2 3	7	

1　校园东门

2-3　教学楼

4　分析图

5　教学大楼庭院鸟瞰

6　学生公寓

7　露天剧场

1	2		4	5
3		6	7	
			8	

1　校园雕塑
2　行政楼与教学楼
3　图书馆大厅
4　雕塑馆平面图
5　雕塑馆外观
6　雕塑馆中庭
7-8　雕塑馆室内

汉阳陵帝陵外藏坑保护展示厅，陕西

汉阳陵位于西安以北大约 20 多公里渭河北岸的二级台塬地上，是西汉汉景帝刘启与王皇后同茔异穴的合葬陵墓，始建于公元 153 年，为国务院批准公布的第五批全国重点文物保护单位。帝陵外藏坑保护展示厅总面积为 7 850m²，总投资约为 1亿元。由于外藏坑原址紧邻帝陵封土，属于陵园内最为重要和敏感的保护范围。因此设计为全地下建筑，内部采用大跨度预应力梁门式跨内吊装方案，建筑顶部则覆土植树种草，以恢复陵园原有的历史环境风貌和自然景观。这是我国第一座全地下的现代化遗址博物馆。

设计充分借鉴现代先进理念和科技手段，创造性地将遗址环境与参观环境分离，封闭模拟文物埋藏环境。大面积采用玻璃全封闭的保护与展示手段，努力为遗址创造一个尽可能地接近发掘前的原始环境。为文物保护和考古提供了良好的条件，开创了中国新一代遗址博物馆模式。国际古迹遗址理事会主席

米歇尔·佩赛特先生题词盛赞此项目："这是一项杰出的成就，是国际古迹遗址保护的典范"。

设计以汉阳陵文物特点为出发点，通过精心的路线设计、材料选择和灯光照明，在淡化了建筑本体的同时，为参观者提供了观察文物的不同角度，营造不一样的观看体验。

建筑师刘克成是西安建筑科技大学建筑学院教授、博士生导师、院长，也是陕西省古迹遗址保护工程技术研究中心主任，国际建筑师协会亚澳区建筑遗产工作组主任。在文化遗产保护、历史文化名城保护、大遗址保护和遗址博物馆设计等方面成绩卓著。2008 年其作品"集水墙"在威尼斯双年展第十一届国际建筑展中国国家馆中展出，"集水墙"是他为灾区临时社区所设立的"井"。代表作品有大唐西市博物馆、汉阳陵帝陵外藏坑保护展示厅、贾平凹文学艺术馆等。

项目名称：汉阳陵帝陵外藏坑保护展示厅
地点：陕西省西安市汉阳陵
主要设计人：刘克成
设计单位：西安建筑科技大学刘克成工作室
总建筑面积：6 931m²
设计时间：2001 年
竣工时间：2005 年 6 月
摄影：刘克成、周利
资料提供：西安建筑科技大学刘克成工作室

6.600 标高平面

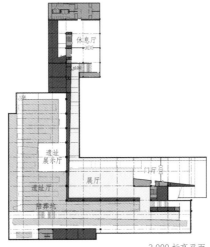

3.000 标高平面

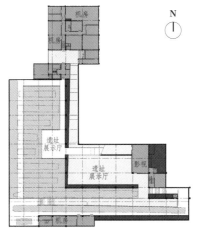

± 0.000 标高平面

1 主入口下沉庭院
2 门厅
3 坡道
4 遗址展示厅序厅
5 外藏坑
6 空中廊桥
7 上通廊
8 下通廊
9 虚拟成像影视厅
10 展示厅
11 休息厅
12 卫生间
13 设备用房
14 主出口下沉庭院
15 地面覆土植草
16 帝陵封土

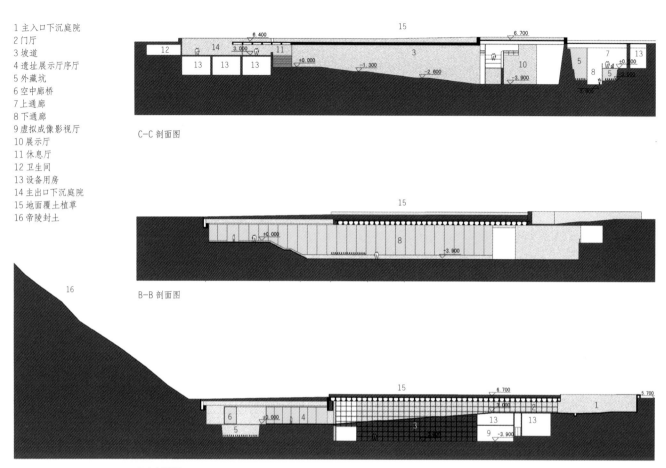

C-C 剖面图

B-B 剖面图

A-A 剖面图

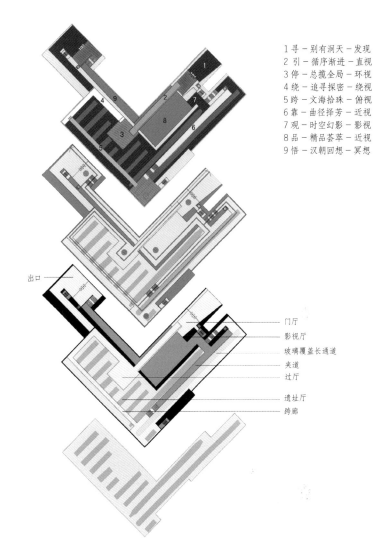

1 寻－别有洞天－发现
2 引－循序渐进－直视
3 停－总揽全局－环视
4 绕－追寻探密－绕视
5 跨－文海拾珠－俯视
6 靠－曲径择芳－近视
7 观－时空幻影－影视
8 品－精品荟萃－近视
9 悟－汉朝回想－冥想

出口

门厅
影视厅
玻璃覆盖长通道
夹道
过厅
遗址厅
跨廊

1   3   1 剖面图
     2   2 汉阳帝陵及外藏坑遗址保护厅
            3 建筑功能与流线分析

1	2	1-2 遗址大厅

3 | 4

1-2 遗址大厅
3 悬挂式参观廊
4 遗址大厅

周春芽艺术工作室，上海

　　周春芽艺术工作室位于上海市嘉定区马陆镇大裕村。基地三面环水，南沿马路，是一片业已停用的乡村工业厂房。建筑总体上被区分为东西两个部分，一方面容纳展示空间和社会空间，另一方面作为艺术家个人的创作空间和生活空间。东侧沿河为7m高的长条体量，以容纳艺术家从事大型雕塑创作的工作空间，总体上对外保持相对封闭，在二层的南北两端则包含有居室、书房以及为工作室所配置的储藏空间等。建筑的西部则作为工作室的办公机构、接待空间以及后勤空间。由于东西两部分的建筑在总体上存有高差，一层楼高的西侧部分其屋面设计成为屋顶平台，与东侧的二层部分相衔接，并经由各种楼梯、走廊等交通联系与艺术家个人的工作空间和生活空间联络起来，一方面扩大了公共面积，提供了多重的使用可能性，以适用于艺术家较为频繁的公共展示活动，另一方面也为工作室提供了一个关于四周景观的开敞视野。

　　由于基地西侧在进行设计之前即已存有一幢移建的传统木构建筑，它在建造过程中被完整保存下来，并成为新建工作室的一个主要构成线索，以此形成由建筑—庭院组合而成的空间序列，用以容纳各类办公、后勤、宿舍、厨餐等辅房空间。另外，工作室的设计也融入了对于江南建筑的传统记忆。

　　建筑师童明 1968 年生于南京，1990 年和 1993 年于东南大学建筑学专业毕业，获得本科与硕士学位，1999 年于同济大学建筑与城市规划学院城市规划理论与设计专业毕业，获博士学位。1999 年留同济大学建筑与城市规划学院任教，至今担任城市规划系，教授，博士生导师。1998 年起开始独立的建筑实践，已完成多项建筑作品，目前已成为中国较有影响力的青年建筑师。从事研究领域包括生态城市研究、城市住房与社区发展、城市公共政策理论与方法、建筑设计与理论等。主要作品有苏州大学文正学院教学楼、路桥旧城小公园改造、苏泉苑茶室、上海嘉定艺术家工作室等。同时也参加各类重要的专业展览，如 2008 比利时 Architopias 建筑展、第 11 届威尼斯建筑双年展中国馆等。

总平面

项目名称: 周春芽艺术工作室
地点: 上海市嘉定区马陆镇大裕村
建筑设计: 童明、黄潇颖
合作单位: 江苏中和建筑设计有限公司
基地面积: 3 000m²
建筑面积: 1 460m²
设计时间: 2008 年~2009 年
建造时间: 2008 年~2009 年
摄影: 童明、吕恒中

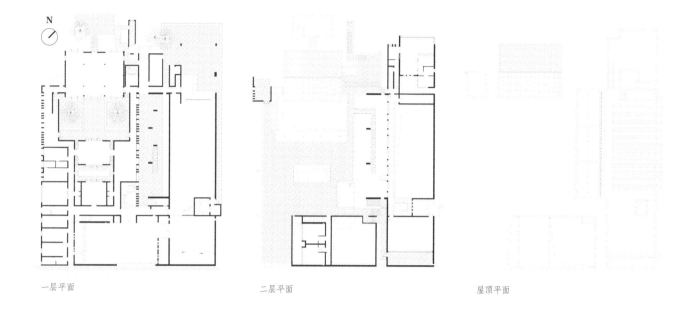

一层平面　　　　　　　　　二层平面　　　　　　　　　屋顶平面

1	34	1 平面图
2	56	2 大殿庭院
		3 屋顶平台西侧立面
		4 内走廊
		5 内庭院
		6 工作室内景

如园，江苏

　　如园是如皋市规划建筑设计院的别称，建筑占地大约是40m×90m，要求面积约为9 000m²，如果铺满做是个3~4层的房子。设计最终确定不超过5层。因为离地越远，离院子越远，所谓院子也就成了视觉上的院子了，而且很快确定了两个方向，一个是尽可能做个最大的院子，一个是做一堆的院子。设计试图做每一水平都有自己园子的房子。

　　设计首先作上下两分，下边是水泥的园子，上边是砖的园子。下面的园子定为6m层高（内做部分夹层，后来成了4.5m），定义为公共部分，分设山院、水院、台院，院中植树。上半部分以砖为垂直面，并希望爬藤，"下园"中的树冠成为它的主景。这样，3~5层的问题就转化成了两个大层的问题。园子中含着房子，房子中含着院子或院子中含着房子。

　　如何让两个水平的园获得景深是设计仔细考虑的一个问题。最终的解决办法是依势而行，上下两分。其下尽可能做一个长院，其上做一个个方院，又加上一系列别院穿透其中。长院易得，方院难为。设计最终设置了7个块，其中中间的4号块为一空院，入口的7号块为"无用之房"，都为了使"空"接连不断。

　　如园试图揭示一种园林的方法和自然的态度，并阐述了设计中对水平的园林、园与房、物与景的思考。

　　建筑师葛明1972年生于江苏，东南大学建筑学院博士、副教授，其作品曾先后参加上海环境与艺术双年展、上海中奥青年建筑师展，北京中国国际建筑艺术双年展展出，并参展第11届威尼斯建筑双年展中国馆，同时也曾应邀在同济大学、麻省理工学院、苏黎世联邦高等工业大学等多所高校进行学术交流，理论与创作兼长。

项目名称: 如园(如皋市规划建筑设计院办公楼)

地点: 江苏省如皋市大司马南路 8 号

设计: 葛明、陈洁萍、王玉华、蒋梦麟、韩曼、高勤、刘畅、王辉、罗建平、
沈建飞、李百燕、朱斌、纪建梅

建筑面积: 约 7 000m^2

工程造价: 约 1 500 万(含装修及绿化等配套工程)

设计时间: 2007 年 ~2008 年

施工时间: 2009 年 ~2010 年

摄影: 吕恒中

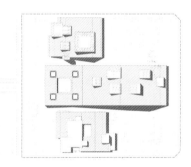

总平面

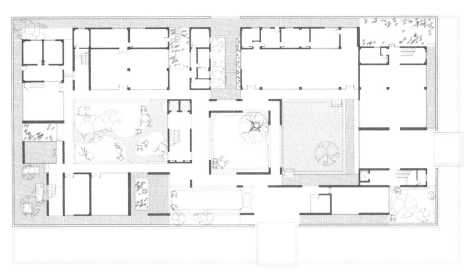

一层平面

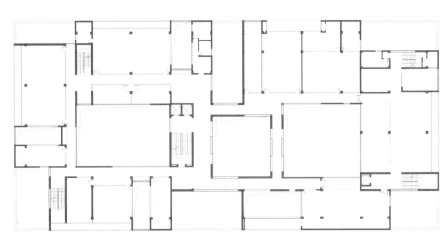

二层平面

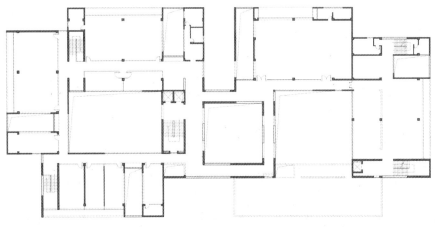

三层平面

华山游客中心，陕西

华山游客中心位于华山的北麓，南依华山，北侧正对华阴市迎宾大道，与迎宾大道北端的火车站遥遥相望。用地北侧偏东约 4km 处为著名的文物古迹西岳庙，并且在规划中通过古柏行步行街与西岳庙相连接。总用地面积 40.8hm²。

对于这样一种背靠大山、面向城市且处于城市干道尽端的特殊用地，建筑师认为，即使存在某种已有的轴线，但华山才应该是城市永恒的对景，建筑的敷设应该退让主轴线，或者至多是一种虚轴的方式，从而取得与山势的呼应。其次，在项目的规模上，业主基于旅游开发的角度，希望游客中心能结合一定的酒店、餐饮及大型剧场等功能。但设计出于对华山风景名胜区总体规划的尊重，以及对华山未来申遗的考虑，经过与规划的衔接研究以及与多方专家的咨询，最终决定将酒店、餐饮、剧场等功能部分在核心景区之外异地重建，在原用地上仅保留游客中心最基本的功能。这样以便于将建筑的体量压缩至最小，从而满足规划图所要求的"宜小不宜大、宜低不宜高、宜藏不宜露"的建筑设计原则。

在造型方面，由于建筑退让了主轴线，雄伟瑰丽的华山就成为了城市的对景，凸显出山的存在。建筑则匍匐在大地之上，与大地轻触。鉴于此，设计一方面采用了斜坡顶的造型语言，以求将建筑与华山融为一体；另一方面，将华山游客中心的使用功能一分为二，成为两个部分。其中西侧部分体量较小，为游客进山通道，包括购票、咨询、导游服务等功能，东侧为小型餐饮、纪念品购买、办公管理以及其他配套用房，同时兼顾了出山通道。东西侧两个单体建筑的中间则用一个平缓的、逐渐升起的平台作为连接。这样使得游客无论站在用地的入口，还是场地内的任何一个位置，均能够看到华山秀美的自然风光。在台阶宽窄、疏密相搭配的平台之上，向南看到的是华山的雄姿，向北则回望城市，其面对的是城市的现代和文明，背靠着自然与人文历史传承。其依托的是自然，接纳的是现代，从而形成自然和文明结合的一种概念。[35]

主要设计人庄惟敏是清华大学建筑学院院长、建筑设计研究院院长。1985 年毕业于清华大学建筑学院，获学士学位，同年在清华大学建筑学院攻读硕士学位，1987 年转为攻读博士学位。1990 年 ~1991 年在日本国立千叶大学工学部学习，1992 年获工学博士学位。专业研究方向为建筑设计及其理论、建筑策划、设计方法学。著有《建筑策划导论》一书。主要建筑作品有北京天桥剧场、中国美术馆改造装修工程、北京奥运场馆国家射击中心等。2009 年获"全国工程勘察设计大师"称号。

项目名称: 华山游客中心

地点: 陕西省华阴市

设计人员: 庄惟敏、张葵、陈琦、章宇贲

设计单位: 清华大学建筑设计研究院有限公司

用地面积: 40.8h ㎡

总建筑面积: 8667.5 ㎡

设计时间: 2008 年 8 月 ~2009 年 11 月

竣工时间: 2011 年 4 月

图片提供: 清华大学建筑设计研究院有限公司

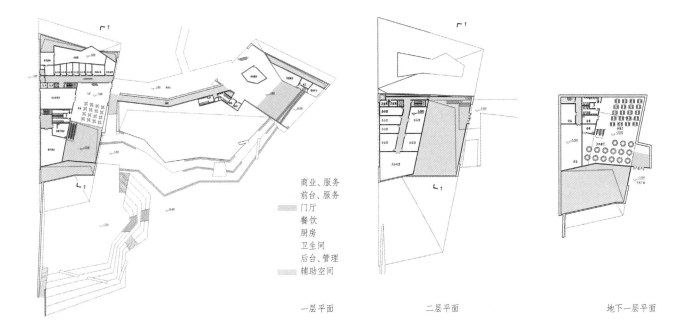

商业、服务
前台、服务
门厅
餐饮
厨房
卫生间
后台、管理
辅助空间

一层平面　　　　　二层平面　　　　　地下一层平面

1 广场　　　　6 快餐厅厨房　　11 走廊
2 咨询服务　　7 大会议厅　　　12 纪念品商店
3 导游服务　　8 会议室　　　　13 办公室
4 餐厅厨房　　9 备餐　　　　　14 内庭院
5 风味餐厅　　10 卫生间

剖面图 2-2

剖面图 1-1

2	1 地下一层餐厅
1	2 剖面图
3	3 售票大厅

长兴广播电视台，浙江

长兴广播电视台位于浙江省湖州市长兴县龙山文化新区，基地周边均为开放的市民公园，政府将这块地用作建设基地后将阻断市民原来的自由活动路线。因此建筑师最终以"将空间还给城市市民，建筑应成为一个可以让人自由前往的场所，并恢复原来的自由活动路线"为概念，采用了三个主要设计策略：1.将公共部分的屋顶设计成自由漫步道，从基地北端引导人们缓缓而上，步道串连了周边的公园，并恢复了市民的活动路线；而屋顶设计成种植屋面，在这里人们可以俯瞰周边的风景。2.建筑北面结合建筑屋顶设计了室外观演广场，将建筑与梅山公园紧密联系起来；3.建筑对外大厅设计成多功能用途，这里可以喝咖啡、上网、观看展览、观演等活动。该建筑成为当地老百姓可以自由前往并十分乐于前往的场所。

在建筑与自然关系的处理上，设计采用了体量悬挑的手法与自然取得对话，四层高的主体设计成透明的玻璃体，建筑以虚化的体量和虚空间融入自然之中。建筑采用了双层通风幕墙、种植屋面、架空隔热屋面等技术以节约能耗。由于率先采用全三维 BIM 技术完成建筑施工图，该项目获得 2009 中国首届 BIM 建筑设计大赛最佳建筑设计二等奖。

建筑师傅筱 1973 年生，毕业于东南大学建筑学院，获工学博士学位，国家一级注册建筑师，南京大学建筑与城市规划学院副教授，现为集筑建筑工作室（Integrated Architecture Studio，1A）负责人。傅筱的建筑实践以场地特征、开放性、行为体验以及构造通常成为其建筑语言的原动力，此外对节能的重视始终贯穿于设计中。主要作品有东莞市人民大会堂、长兴县图书馆、档案馆、S 景观步行桥、书报亭、湖州市长兴广播电视台等。

模型

项目名称：长兴广播电视台
地点：浙江省湖州市长兴县龙山文化新区
业主：长兴广播电视局
主要设计人：傅筱
设计单位：南京大学建筑与城规学院集筑建筑工作室
设计时间：2007 年
竣工时间：2009 年
建筑面积：24 450m²
摄影：姚力

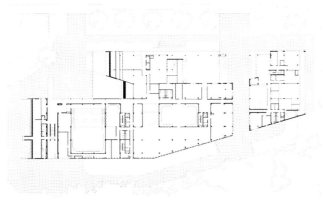

一层平面

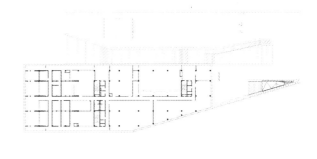

三层平面

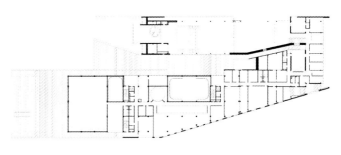

二层平面

四层平面

湖南大学法学院、建筑学院建筑群，湖南

湖南大学法学院、建筑学院建筑群位于湖南大学校园本部，是学校一栋重要的教学、科研、办公综合楼。建筑师注重"场域"意识，让建筑从土里生长出来。设计从场地到建筑统一采用水刷石饰面，对光形成漫反射，使建筑与周围环境融合在一起。结合坡地地形设置的舒缓台阶，使其在逐渐上升过程中自然渐变为建筑的本体。设计者尝试用湘江中的石子作为材料，用水刷石这种传统工艺做外墙。把石子墙面延伸到室内，水刷石对光具有漫反射和折射效果，在不同季节、天气和阳光角度下可以呈现不同的色泽和感觉。

法学院正对校园广场的交叉口处，形体采用"吊脚架空"的吊脚楼形态，在"软化"交界空间、舒缓建筑体量对校园环境压力的同时，梁、枋与柱的结构语汇的力学效果也隐喻着法律的约束力与规范性。建筑学院中对立方体进行切割和复合处理可以强化形象特征，设计借助流动的影像、变化的光影、穿插的形体来塑造多维的空间。并以"结构体系——围护体系"、"交通体系–空间体系"为双轴展开设计，保证自律性与多样灵活性兼得，功能用房则多以灵活轻质隔断处理。

设计通过对墙的阻隔、分割与围合来隔绝外界的喧嚣与繁杂，由整体实墙面进行刻意分离与界定，中空部分则吸纳人流。另配以"边庭"与"竹井"，形成风拔。空中庭院上设引桥，南北贯穿，花园中种植桂花树，竹井内种植南竹，相映成趣。[36]

建筑师魏春雨1963年出生于河北石家庄，现为湖南大学建筑学院院长，教授，博士生导师，是湖南省"学院派"建筑设计代表性人物。2012年其作品"异化"在威尼斯双年展第十三届国际建筑展中国国家馆中展出。主要作品有湖南亚大时代数码广场、湖南大学复临舍综合教学大楼、长沙市文化艺术中心设计、湖南大学法学院、建筑学院建筑群等。

项目名称: 湖南大学法学院、建筑学院建筑群

地点: 湖南省长沙市湖南大学内

主要设计人: 魏春雨、宋明星、李煦、齐靖

设计单位: 魏春雨地方营造工作室、

　　　　　湖南大学设计研究院有限公司

设计时间: 2002 年 (法学院), 2003 年 (建筑系馆)

竣工时间: 2003 年 (法学院), 2004 年 (建筑系馆)

建筑面积: 10 784m² (法学院), 5 000m² (建筑系馆)

摄影: 高雪雪、强伟

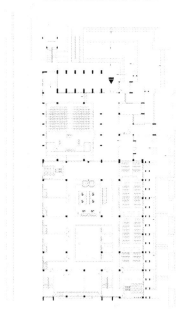

总平面

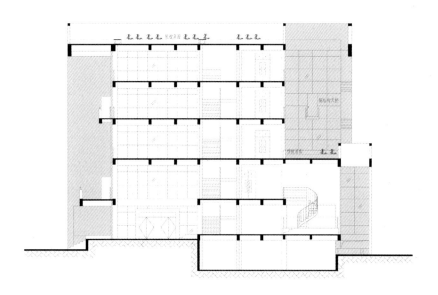

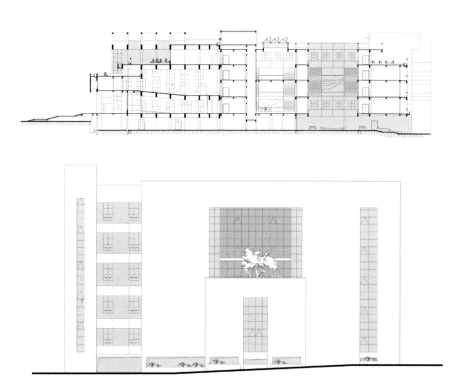

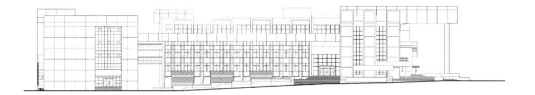

1　建筑学院剖面

2　法学院剖面

3　建筑学院东立面

4　北立面

5　竹井与庭院

注释 NOTE

30 朱小地，"蛰居"之处——北京"旬"会所 [J]，世界建筑，2011，2.

31 史建，旬会所语境：策略性与都市性 [J]，城市·环境·设计，2011，4.

32 李兴钢．北京兴涛展示接待中心 [J]．建筑创作，2005，6.

33 参见筑龙网，望京科技园二期，相关介绍．

34 吴良镛，粟德祥，朱文一，庄惟敏．中央美术学院迁建工程 [J]．建筑学报，2004，2.

35 庄惟敏，陈琦，张葵，章宇贲．华山游客中心 [J]．世界建筑，2011，12.

36 湖南大学法学院、建筑学院建筑群 [J]．城市·环境·设计，2010，6.

第三章
外国建筑事务所在中国

近年来，外国建筑事务所在中国建筑设计中所占比重日渐增加，这是全球化的表现。市场的分割早已脱离了地域的限制，中国经济实力增强而产生的附属吸引力，使中国无疑拥有着巨大的市场，而最为吸引人之处的还在于它有巨大的开发空间。中国的建筑业向世界打开了大门，不仅本土的建筑师"走出去"，参加国际交流，也把外国建筑师"引进来"，参加各种建筑项目的竞赛，担当评委，参加设计，从而引入国际视角，为中国建筑市场输入新鲜的血液，并从中学习他们先进的设计理念和方法。这些外国建筑师有的是世界一流建筑师，提供了颇具创造性的作品。这些方案已陆续建成，为中国增添了在当代建筑史上有影响的新建筑，使城市呈现更多的活力，并忠实地记录了全球化背景下的当下文明。

外国建筑师进入中国建筑市场是大家很关注的事件。因为这不仅牵扯到中国城市面貌的改变，也是对中国建筑师的挑战。舆论一般认为，中国成为西方建筑师独创性新作品的实验场有两个主要客观条件，一是改革开放使得中国国力增强，国外建筑师纷纷到中国来抢市场，二是中国崇洋媚外的心理在作祟。

2008年6月26日，在中国科学院学部首届学术年会暨中国科学院第十四次院士大会学术报告会上，两院院士吴良镛发言指出，中国的一些城市已成了外国建筑大师或准大师"标新立异"的"试验场"。部分建筑师失去建筑的一些基本准则，漠视中国文化，无视历史文脉的继承和发展，放弃对中国历史文化内涵的探索，使中国建筑失去了人文精神。这是吴先生近几年反复强调的观点。也有建筑师认为，中国的经济实力还没有达到随意拿出巨资让洋设计师搞试验的程度，而且新理念作品以结构的新颖奇特为特征，对技术实施和建筑材料提出了难度极大的新要求，从而可能造成安全隐患；西方设计师的那些创新作品会模糊中国建筑文化的走向，甚至会把中国建筑文化引向殖民文化的歧途。

然而以艾未未为代表的另一些批评家则对以上批评持反对态度，认为建筑的民族主义代表——"大屋顶"20年来早已证明是失败之举，国际大师的设计将带动中国建筑水平的飞跃，排斥国外大师是一种狭隘的民族主义情绪[37]。史建提出了"新国家主义建筑"的概念，他所说的"新国家主义建筑"是指近十年来在中国（主要是北京）出现的、以国际招标方式建造的国家级建筑，如国家大剧院、鸟巢、水立方、首都国际机场3号航站楼、国家博物馆扩建，也包括CCTV新台址。他指出："历史并没有随着主流建筑界的意愿而发生扭转，新国家主义建筑（主要是'鸟巢'和CCTV）以其强烈的国际化和未来主义诉求，对区域和城市空间的强大整合力，给北京赋予了活力，已是举世公认的国际设计师在中国的一流设计。他曾经说过：'近年北京一系列由国际著名建筑大师设计的标志性建筑，是在主流建筑界强烈的抵触情绪下浮现的，已经有许多人阐释了其将对北京城市空间产生的重要影响，但它其实还有着更为复合的文化内涵。北京标志性建筑国际化的趋势，图解了它对成为国际化大都市的强烈诉求，以及塑造全新的、具有前瞻性的城市性格的野心[38]。'"

西方建筑师进入到中国，根本性的一个影响是让人们意识到建筑是城市的基本元素，也会由此影响到城市的整体规划，包括社会学、文化与人的关系对城市的发展起到的影响，放在全新的平台上思考，促使中国建筑师更全面地研究城市发展，对建筑的内核和外延有更新的认识。

CCTV 新址主楼，北京

雷姆·库哈斯（Rem Koolhass）在中国的事业开始于中央电视台 CCTV 新大楼方案的中标以及广州歌剧院竞赛，广州歌剧院的竞赛以当年的工作伙伴扎哈·哈迪德方案获选而告终，而 CCTV 新大楼以其独特的造型、巨大的体量以及高昂的造价引起建筑界以及民众激烈的争议。在讨论即将平息的时候，CCTV 新大楼附属电视文化中心 TVCC 的一场火灾再次让人们聚焦，总之随着中央电视台 CCTV 新大楼的从设计到建成的过程，库哈斯在中国成了一个"话题人物"。大都会事务所在中国的设计项目还有深圳证券交易所、广州美术馆时代美术馆和上海水晶石办公楼等。

从向世界 10 家著名建筑设计机构邀标开始，经过专业评审，CCTV 新址主楼设计最后选出的三个方案分别为荷兰大都会建筑事务所、日本伊东丰雄建筑事务所与上海现代建筑设计集团提交的方案，后来选中大都会建筑事务所的方案作为实施方案。CCTV 新址主楼由中国最强势的官方媒体选择外国明星建筑事务

所作为设计方，在项目开始之初就决定了建筑的受关注程度，再加上高昂造价，以及结构上的极富挑战性，让工程在建造过程中无时无刻不受到社会各方面的报道和评论。其中北配楼在 2009 年 2 月 9 日元宵节的火灾中严重焚毁，更使其成为热议对象。

项目由大都会事务所（OMA）雷姆·库哈斯、前合伙人奥雷·舍人（至 2010 年）、OMA 合伙人大卫·希艾莱特以及项目经理姚东梅带领，并与 OMA 合伙人重松象平、Ellen van Loon 及 Victor van der Chijs 密切配合。设计团队超过 100 名 OMA 的建筑师。大楼的结构和机电设计由塞西尔·巴尔蒙德与奥雅纳提供，中方合作单位是华东建筑设计研究院。

建筑师在 CCTV 新址主楼设计中力图为单调重复的摩天大楼类型寻求新的方向。摒弃了传统的二维"高耸的"塔楼在最终高度和风格上的竞争，CCTV 大楼的环状造型以其在空中出挑 75m 的巨大直角悬臂构成了罕见的三维体验，但这种双向倾斜、双塔连接超大悬臂的特大型高层重钢结构，连接节点复杂、施工难

电视文化中心

服务楼

庆典广场

基座

媒体公园

总平面

项目名称: CCTV 新址主楼

地点: 北京市朝阳区东三环中路

负责合伙人: 雷姆·库哈斯、奥雷·舍人(前合伙人, 至 2010 年)、

戴维·贾诺特(David GIANOTTEN)

项目经理: 姚东梅

设计单位: 荷兰大都会建筑事务所(OMA)

中方设计单位: 上海华东建筑设计研究院

建筑总面积: 47300m²

竞标时间: 2002 年

竣工时间: 2012 年

摄影: Iwan Baan, Jim Gourley 等

图片版权: OMA

资料提供: OMA

度极大,此前尚未有施工先例。奥雷·舍人说,这种结构在世界其他地方获准建造的可能性很小,因为其他地方的建筑规范不会允许建造这样的东西。

CCTV 新址主楼的两座钢结构塔楼双向内倾斜 6°,在 163m 以上由 "L" 形悬臂结构连为一体,建筑外表面 10 万 m² 的玻璃幕墙由强烈的不规则几何图案组成。将功能主要集中于高塔,减少了建筑本身的占地面积,从而在基地上为公共绿地和公共活动提供了更多的预留空间。

出于功能考虑,CCTV 新址主楼是在一个建筑体中整合了各个部门,并且形成了一个小型的有机城市,因此使 CCTV 大楼具有了社会性的特点。大楼内连接交通的是两条贯穿整个大厦的环形流线,一条供职员使用,另外一条对公众开放。大厦内所有部门,在保持自身办公空间独立性的同时,通过垂直、水平方向上交通相互贯通。此外还有数目众多的咖啡厅、会议室、休息室等公共社交区域填充其中。对职员和公众而言,连接了各项不同

功能的两条循环流线形成了大楼社会性的脊梁,空间在两条流线之间交叉、分离、再连接。通过循环流线,公众可以不同程度地了解 CCTV 内部的工作流程,是公众和媒体之间的交流。

雷姆·库哈斯是荷兰大都会建筑事务所(OMA)首席设计师,哈佛大学教授。早年他的职业是荷兰一家报社的记者,直至 1968 年 "五月风暴" 后才开始转学建筑,先后就读于伦敦的建筑协会学院(AASchool of Architecture)和美国康奈尔大学。1975 年,他与艾利娅·曾格荷里斯、扎哈·哈迪德创立了大都会建筑事务所(Office For Metropolitan Architecture,简称为 OMA),在 20 世纪 90 年代成立建筑研究机构 AMO,并陆续出版了《癫狂的纽约———部曼哈顿的回溯性的宣言》(1978),《小、中、大、超大》(1995),《大跃进》(2001)和《容纳》(2004)。2000 年雷姆·库哈斯被授予普利兹克建筑奖。舍人在 2010 年 3 月成立 Buro-OS 北京和香港办公室之前,曾为大都会建筑事务所(OMA)的总监和合伙人,主管 OMA 在亚洲的项目。

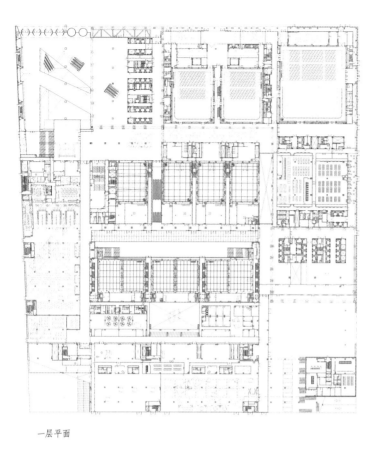

一层平面

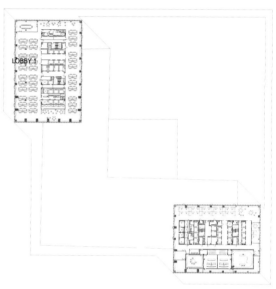

十五层平面

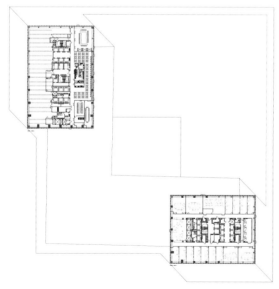

二十五层平面

四十一层平面

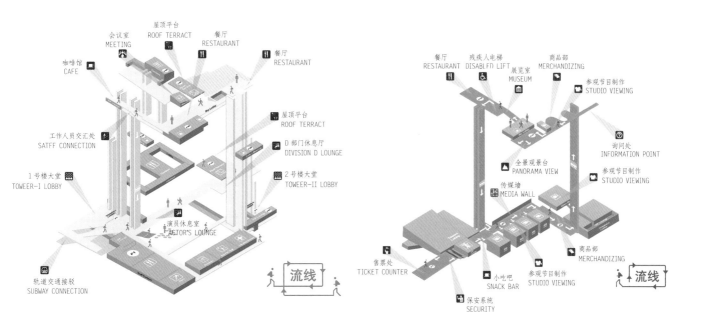

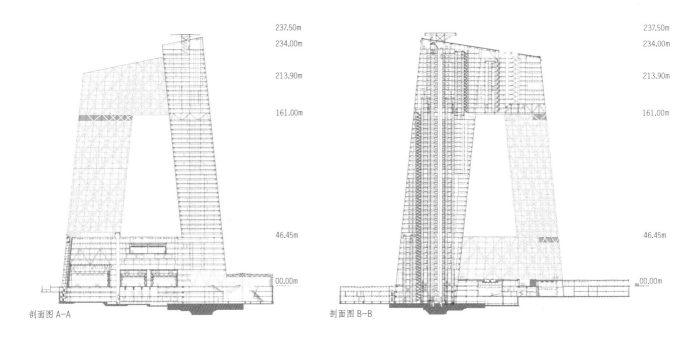

237.50m
234.00m
213.90m
161.00m
46.45m
00.00m

剖面图 A-A

237.50m
234.00m
213.90m
161.00m
46.45m
00.00m

剖面图 B-B

1	5	1 剖面图
234	67	2-4 建造过程
		5 分析图
		6-7 建筑与周边关系

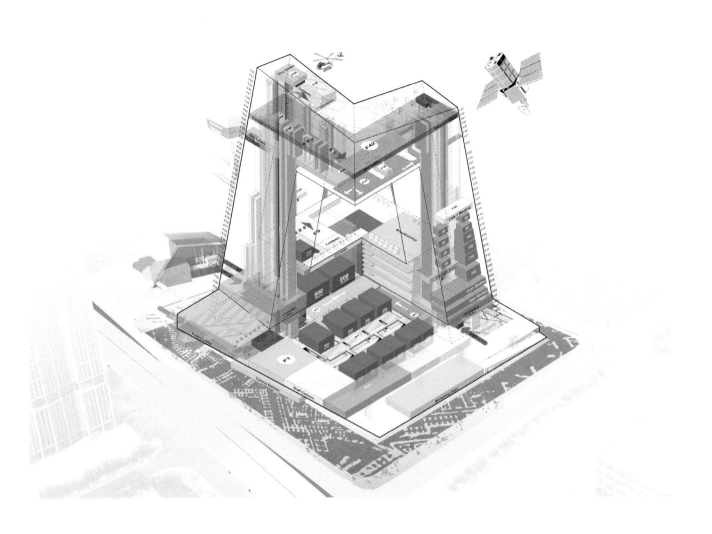

国家大剧院，北京

　　国家大剧院的立项可以追溯到1958年，到40年后的1998年才正式国际招标。国家大剧院的设计从评审到方案的确定直至建设完成，来自各方的意见和争论一直没有停息。设计处在天安门广场中心地带的建筑，有来自周围环境的挑战。广场的北面是中国古代的宫殿群和天安门城楼，基地的东侧是人民大会堂、中国历史博物馆、毛主席纪念堂等建筑，西侧是北京旧城区，保留着老北京的胡同。如何在这其中寻找一个平衡点成为建筑设计的难题。同时，天安门广场在中国人心中的重要含义，让设计开始之前便被要求"表现出既具有民族文化特色又有时代精神；既庄重典雅而又亲切宜人；既具有开放性便于群众交往又利于运营管理，既能选用先进的技术又能保证建设与长时间使用的经济合理性"等。经过长达一年半国际招标的竞争，法国设计师保罗·安德鲁的设计成为实施方案，同时也成为争论的焦点。

　　2007年，位于人民大会堂西侧的国家大剧院建成，覆盖着银色钛合金表皮的巨大半椭球体"浮"在水面。穿过下沉的通道进入大剧院，视野由宽变窄，光线由明变暗，空间的变化营造出心理的变化。阳光和水的流动造成的光影，内与外的交流，是内外部空间的过渡。

　　大剧院内部主要分为三大剧场：歌剧院、音乐厅和戏剧场。平面布局上，歌剧院处在中心位置，面积稍大于在两侧呈中心对称的音乐厅和戏剧场。内部装饰上，三个主要空间通过内部空间安排，色彩、材质的运用，呈现出不同的"气质"，歌剧厅典雅温暖，音乐厅宁静淡雅，戏剧厅古典热烈。

　　在三个剧场之间起连接作用的是立体环廊。立体环廊起到连接空间，同时迅速分散人流的作用。环廊内安排有咖啡厅、书店、展览区、艺术品商店，让空间产生了都市生活的气氛。休息大厅有高大的弧形天窗，其尺度本身就是一次视觉震撼。

　　建筑师保罗·安德鲁是法兰西建筑科学院院士，工作于巴黎机场公司，机场在他设计作品中占大多数，如印度尼西亚雅加达机场、埃及开罗机场、坦桑尼亚达累斯萨拉姆机场、日本大阪关西机场、文莱机场、中国三亚机场，上海浦东机场等。除此以外还有与人合作的法国巴黎"新凯旋门"德方斯的大拱门、日本大阪海洋博物馆、英法海底隧道法方终点站，在中国的项目有广州新体育馆、苏州国际博览中心等。

项目名称: 国家大剧院

地点: 北京市西城区西长安街 2 号

建筑设计: Paul Andreu, François Tamisier, Hervé Langlais, Mario Flory, Olivia Faury, Serge Carillon

项目经理: Felipe Starling

设计单位: 保罗·安德鲁建筑事务所、巴黎机场集团建筑设计公司（ADPi）

中方设计单位: 北京市建筑设计研究院

面积: 219 400m²

设计时间: 1999 年

竣工时间: 2007 年

资料提供: 保罗·安德鲁建筑事务所

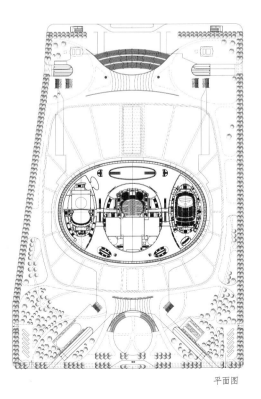

平面图

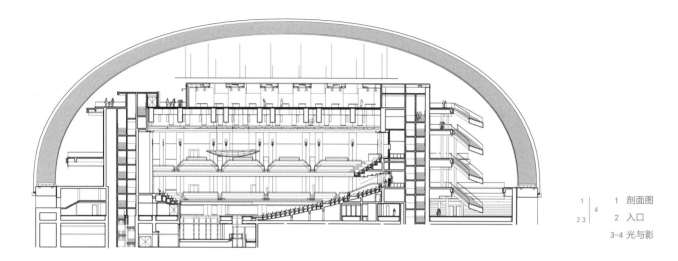

		1 剖面图
1	4	2 入口
2 3		3-4 光与影

戏剧场平面

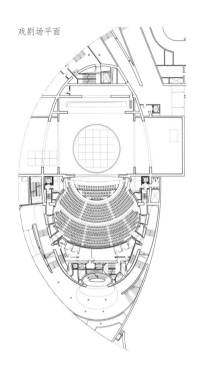

歌剧院平面

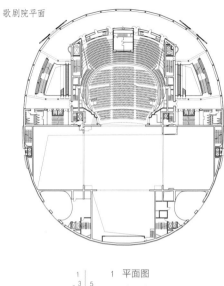

音乐厅平面

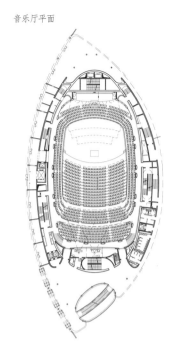

1　平面图

2-3　歌剧院

4　戏剧场

5　音乐厅

首都国际机场三号航站楼，北京

首都国际机场三号航站楼的建设是为了满足首都国际机场日益增长的旅客流量的要求。新航站楼位于原一、二号航站楼东侧，现有东跑道和新第三号跑道之间。整个建筑呈流线型。航站楼屋顶采用轻钢网架结构，减轻了结构的厚重感。三角形是构成屋顶结构的基本元素，稳定的三角形再生成六角形，六角形又组合成空间四面体，保证结构的稳定性。屋顶上有东南朝向的天窗，能够在早晨充分吸收太阳能，同时在视觉上造成类似龙身"鳞片"的观感。从天空俯瞰，整个航站楼仿佛一只展翅欲飞的飞鸟。航站楼内部屋顶色彩为具有中国意味的红色和金色，透过下部白色条板吊顶隐约可见。其他部分主体色彩为纯净的白色。

航站楼内国际和国内的功能分区相互独立。国内部分采用了传统航站楼内部空间安排形式，到达层在下，出发层在上，旅客通过不同的道路交通到达、离开。而国际部分则对出发和到达层的位置进行了置换，让旅客在到达时处在二层视野更加开阔的空间，给旅客留下第一时间的美好印象。

对于航站楼功能性的特点，新航站楼安排了合理的空间布局。一是从集中到分散。从旅客到达航站楼大厅，指示牌将旅客引向不同的值机柜台，这是第一次分流；而一线排开，分上下两层的商业区，包括银行、餐饮、书店等，是对旅客的第二次分流。二是从分散到集中。从安全检查通道到登机口的空间，旅客在一种直向性的道路引导下到达目的地，人流的动向是趋同的。

交通中心是三号航站楼的交通枢纽。机场轻轨直接到达航站楼前的交通中心，旅客通过坡道或上或下到达航站楼出、入港大厅。停车场位于交通中心地下两层，通过电梯与航站楼大厅连接。

建筑师诺曼·福斯特（Norman Foster）是高技派建筑师的代表人物，1935年出生在英国曼彻斯特，1961年自曼彻斯特大学建筑与城市规划学院毕业后，获得耶鲁大学亨利奖学金而就读于乔纳森·爱德华兹（Jonathan Edwards）学院，取得建筑学硕士学位。1967年福斯特成立了自己的事务所，至今其工程遍及全球。福斯特因其建筑方面的杰出成就，于1983年获得皇家金质奖章，1990年被册封为骑士，1997年被女皇列入杰出人士名册，1999年获终身贵族荣誉，并成为泰晤士河岸的领主。1986年建成的香港汇丰银行为他赢得国际声望，随后的法兰克福商业银行、香港新机场更使他获得广泛赞誉。福斯特两次获得斯特林奖，1999年获普利茨克建筑奖。

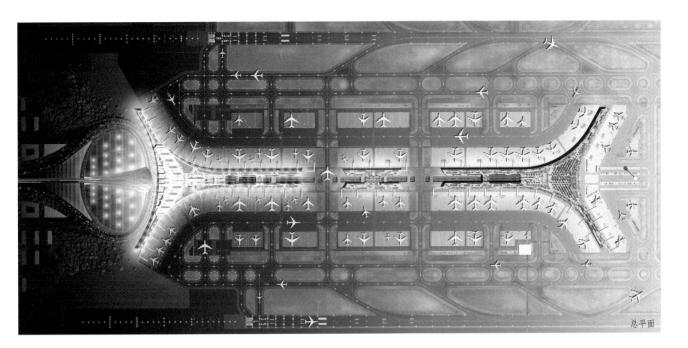

总平面

项目名称: 首都国际机场 3 号航站楼

地点: 北京

建筑设计: 英国福斯特及合伙人有限公司 (Foster+Parners)

设计联合体: 荷兰机场咨询公司、英国福斯特及合伙人有限公司、奥雅纳工程顾问

中方设计单位: 北京市建筑设计研究院

扩建占地面积: 1 468hm^2

扩建总面积: 1306 000m^2

开工时间: 2004 年 3 月 28 日

竣工时间: 2007 年 12 月 31 日

资料提供: 英国福斯特及合伙人有限公司

1 入口

2 大厅

3 顶棚

4 室内局部

1 | 3   1-3 室内大厅

2 | 4 5   4 行李提取处

        5 顶棚细部

环球金融中心，上海

　　上海环球金融中心是位于上海陆家嘴的一栋摩天大楼，从1997年开始建设，2003年重新开工，它的高度从460m提到目前的492m，是中国目前第一高楼，同时也是世界最高的平顶式高楼，于2008年8月29日竣工。

　　建筑的主体是一个正方形柱体，两个巨型拱形斜面逐渐向上收缩变窄，于顶端交会收成一线，建筑线条简洁精细。上部开有倒梯形洞口。在设计中，方的造型是通过一种有着超大直径的圆形雕刻出来的，因此，从建筑外形上看，带有曲线的表面设计其实是这种超大圆形的片断。最初设计的顶部圆孔是开放式的，这既有利于减缓风压，又代表着中国的"月亮门"。洞中架设观光桥廊，设有美术展厅、商店、咖啡厅等，提供了远眺的绝佳场所，同时可以起到减轻风阻的作用。

　　大楼地上101层，地下3层，分布有商业、会议、办公、酒店等功能区，其中94至100层用于观景，共有三个观景台，第100层的"观光天阁"观景台离地484m。

　　上海环球金融中心是KPF建筑师事务所（Kohn Pedersen Fox）的作品，主要设计师威廉·佩德森，先后在美国明尼苏达大学和麻省理工学院学习建筑，1966年获得罗马建筑奖并移居罗马。一年多之后，威廉·佩德森加入了贝聿铭建筑师事务所，并担任华盛顿美国国家美术馆的高级设计师。1976年，他与好友尤金·科恩以及谢尔登·福克斯一起创办了KPF建筑师事务所，并担任设计负责人。现在，KPF已经成为世界上最优秀的高层建筑设计机构之一。KPF在上海有一个工作室，参与设计如上海的恒隆广场、香港的环球贸易广场等建筑。

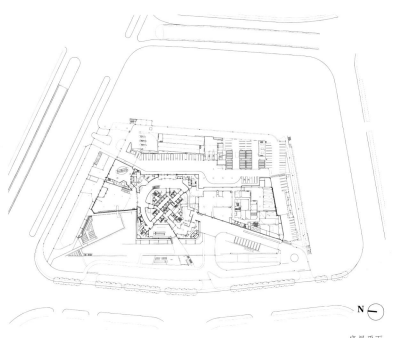

底层平面

项目名称: 上海环球金融中心

地点: 上海浦东新区陆家嘴金融贸易区

建筑设计: 美国 KPF 建筑师事务所、
　　　　　日本株式会社の江三宅设计事务所

设计审编: 森大厦株式会社一级建筑师事务所 (日本)

结构设计: 赖思里·罗伯逊联合股份有限公司 (LERA)

中方设计单位: 上海现代建筑设计 (集团) 有限公司、
　　　　　　　华东建筑设计研究院有限公司

用地面积: 30 000m^2

占地面积: 14 400m^2

总建筑面积: 381 600m^2

建筑层数: 底上 101 层、地下 3 层

建筑高度: 492m

开工时间: 1997 年

竣工时间: 2008 年 8 月 29 日

摄影: 胡文杰

资料提供: KPF 建筑师事务所

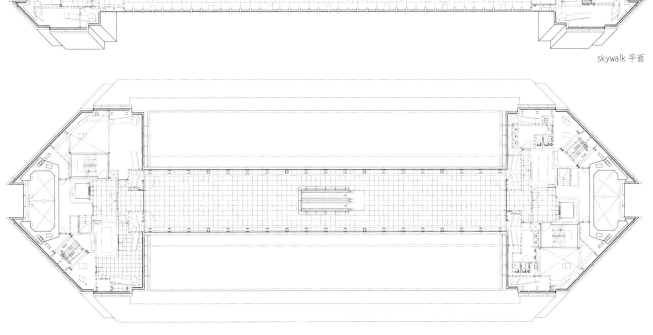

skywalk 平面

sky bridge 平面

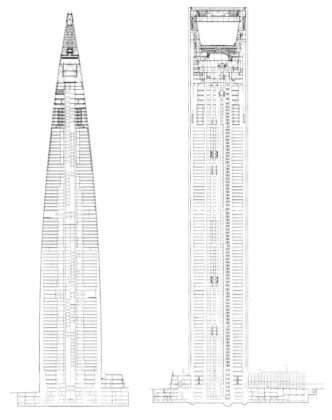

2	1	下沉庭院
1	34	2	剖面图
		3-4 建筑局部

1 | 3 4　1-2 位于 100 层的 "观光天阁"
2 | 5 6
　　 7　　3　电梯

4-7 室内

国家博物馆，北京

中国国家博物馆是在原中国历史博物馆和中国革命博物馆的基础上组建而成的。原有建筑建于1959年，是新中国十大建筑之一，坐落于北京天安门广场东侧，被誉为新中国建筑史上的里程碑。但由于两座博物馆建筑在功能布局上被一分为二，泾渭分明，因此设计试图通过一个置于中央的空间元素将两个功能区合二为一，促成一个宏伟庄严的综合体。同时设计的目标是扩建部分与保留建筑协调一致、新旧建筑形象一目了然，从而展现建筑本身在历史进程中的发展演变。

西大厅作为建筑的主入口，保持了原有建筑的柱廊大门，以加强博物馆与正对的天安门广场之间的联系。而新建部分采用一组纤细挺拔的方柱刻画出国博庄严的形象。西立面立柱与屋面之间结构模仿了中国古代营造法式中的"斗拱"，对向外伸出的屋檐起到了支承作用。一座长达260m的艺术长廊作为建筑体的中央交通连接了建筑的南北两翼，拓宽了中心区域直面建筑

最突出的中心广场。主入口大厅的建筑面积达8 840m²，可作为门厅以及多功能厅使用，其内同时结合设置了各种为参观者服务的功能设施，如咖啡厅、休息室、书店、纪念品出售以及卫生间等。

主入口大厅的内部立面设计依据中国古代建筑"一屋三分"的理念发展而来。一个石材基座托起木质结构的墙面，其上的屋顶采用了中国古代建筑中的"藻井"模式。室内材料对木材、石材和玻璃的选择以及建筑的柱廊和开窗风格等都是用当代的建筑语汇重新诠释传统的中国建筑的体现。

担任设计任务的gmp建筑师事务所（全称冯·格康、玛格及合伙人建筑师事务所）是在欧洲及世界享有盛誉的德国建筑事务所，至今共建成230多个建筑，作品受到世界广泛重视。在中国已建成的项目有南宁和深圳的会议展览中心、上海浦东新区的文献中心和北京中关村文化中心等。

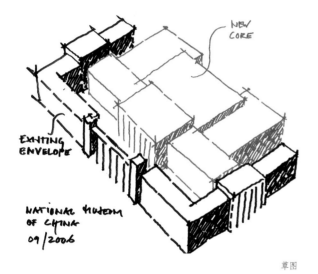

草图

项目名称: 中国国家博物馆

地点: 北京市东城区东长安街 16 号

设计单位: gmp（曼哈德·冯－格康和斯特凡·胥茨，以及施蒂芬·瑞沃勒和多莉丝·舍弗勒，德国）

方案设计人员: Gregor Hoheisel, Katrin Kanus, Ralf Sieber, 杜鹏，董春嵩

方案调整阶段设计: 曼哈德·冯－格康和斯特凡·胥茨，以及施蒂芬·瑞沃勒

中方合作设计单位: 中国建筑科学研究院

总面积: 191 900m²

保留建筑面积: 35 000m²

扩建部分面积: 156 900m²

建筑: 长 330m, 宽 204m

楼层数: 7 层（地上 5 层，地下 2 层）

陈列厅数量: 49 个

设计时间: 2004 年 8 月

竣工时间: 2011 年 3 月 1 日

摄影: Bildnachweis

资料提供: gmp

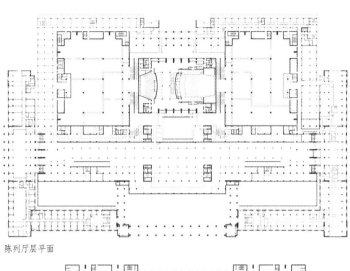

陈列厅层平面

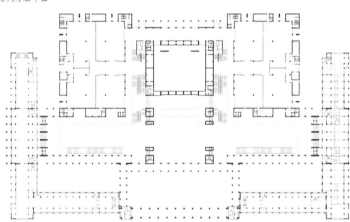

入口层（设有南、北、东入口）平面

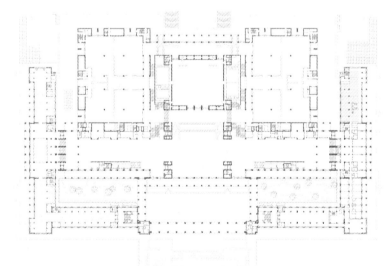

重点层暨西大厅、主入口、西侧入口层平面

1		1 平面图
2	3	2 西大厅内的巨大阶梯
		3 西侧入口大厅

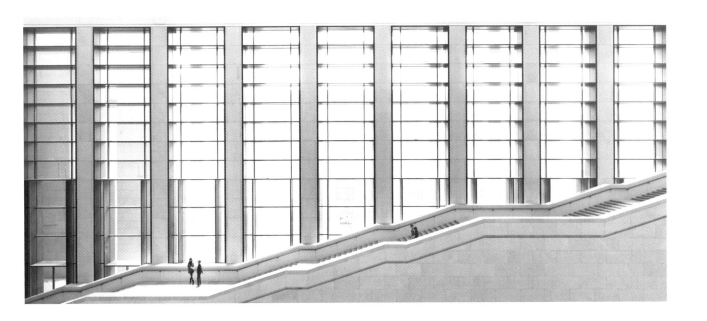

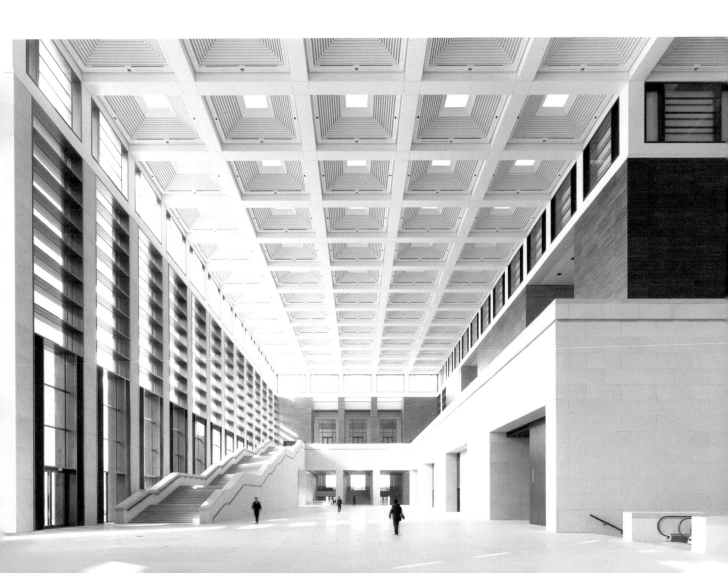

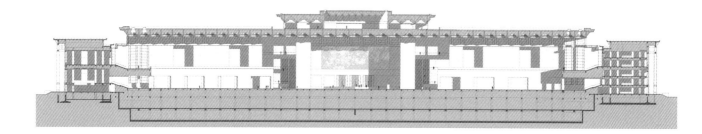

<table>
<tr><td>1</td><td>4</td><td>6</td><td>1 剖面图</td></tr>
<tr><td></td><td>5</td><td></td><td></td></tr>
<tr><td>2 3</td><td>7</td><td></td><td>2-3 "博物广场"为参观者界定方向,并且连接馆内所有的公共空间</td></tr>
</table>

4 中央大厅

5 学术报告厅

6 楼梯井

7 贵宾区

国家图书馆新馆，北京

　　国家图书馆二期工程新大楼位于原图书馆大楼的北面。在高度和入口形态上都与老馆保持一致。

　　建筑外形简洁，包含三个基本要素：突起的基座、支柱、悬浮的屋顶。分别承担不同的功能。基座内部是中文阅览区，由嵌在墙体内的书架围合成中庭的空间。一个全开放式的玻璃屋顶颠覆了传统图书馆的封闭性空间体验，同时具有良好的自然采光。阅览中庭向上逐层扩大。《四库全书》在地下一层中心位置，用空间的象征意义代表其价值的珍贵性。

　　图书馆的东侧空间与其他三面分离，可以单独管理使用，包括一层的古籍珍品展厅、学术报告厅和学术交流区、餐厅，以及二层的检索大厅和书店。基座上部的三层是由支柱撑起的玻璃围合体，通透的视觉效果实现了自身的消隐，同时将基座和屋顶空间隔离，造成了屋顶空间的悬浮感。功能上是全开放式的经典和艺术图书阅览区。银色金属屋顶空间具有的飘浮感和未来感与数字图书馆的含义相符，而且极具视觉吸引力。

　　国家图书馆新馆的设计者KSP恩格尔和齐默尔曼建筑设计事务所（KSP Engel and Zimmermann Architekten）成立于1935年。二战后，作为建筑行业的龙头公司，它给整个德国带来了现代建筑的理念。2005年，KSP恩格尔和齐默尔曼建筑设计事务所的第一家中国子公司——卡斯帕建筑设计咨询（上海）有限公司成立。同年，卡斯帕建筑设计咨询（上海）有限公司北京分公司正式营业。在中国的项目主要有沈阳阳光100国际新城二期和江苏美术馆新馆等。

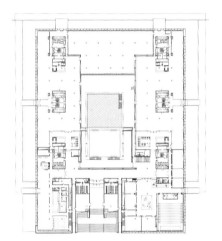

基地层平面

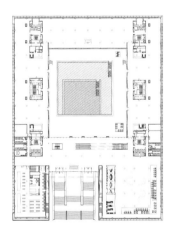

一层平面

项目名称：中国国家图书馆二期扩建

地点：北京市海淀区中关村大街 33 号

总设计师：Juergen Engel

项目主持：Johannes Reinsch

设计单位：德国 KSP 恩格尔与齐默尔曼建筑师事务所

施工图设计合作单位：华东建筑设计研究院有限公司

设计时间：2003 年 7 月

竣工时间：2008 年 9 月

总建筑面积：80 000m²

摄影：hans Schlupp

资料提供：德国 KSP 恩格尔与齐默尔曼建筑师事务所

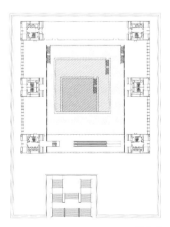

二层平面

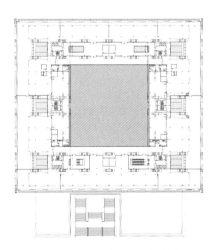

三层平面

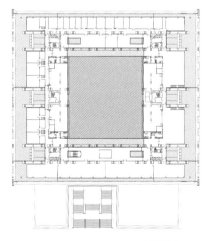

四层平面

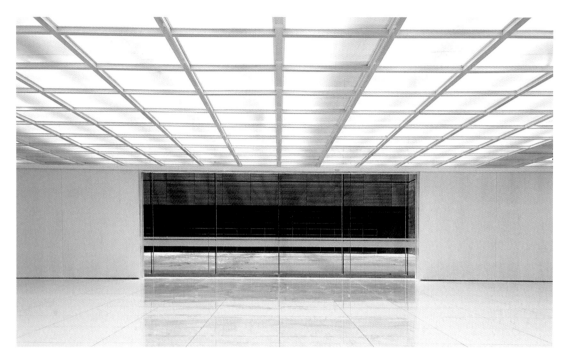

1	4	1-2 室内
2 3	5	3 局部
		4 立面图与剖面图
		5 中心阅览区

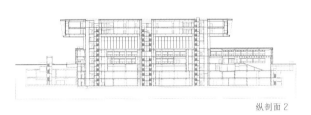

南立面

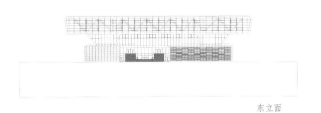

东立面

纵剖面 1

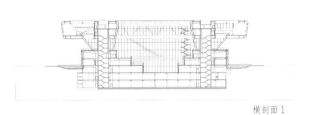

横剖面 1

纵剖面 2

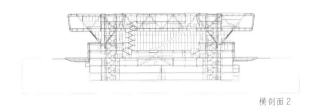

横剖面 2

广州歌剧院，广东

珠江岸边的广州歌剧院以两个不规则的几何体作为建筑主体，"圆润双砾"是建筑师诠释的设计理念。简单的几何元素组合，增加建筑的动感，以低伏的姿态与四周的高楼形成对比，突出文化氛围。未经处理的灰黑色水泥面表皮，表达自然的质朴。内部空间用连续的墙体和廊道营造具有张力的空间，建筑内外通过大面积玻璃达到视觉上的交流。整个建筑通过与周围环境的"对抗"，表达出建筑自身的功能，在都市的喧闹中创造出一个享受音乐、休憩心灵的场所，表达了建筑的场所精神。

总体布局将观演区设于歌剧院的东南侧，位于基地红线的中心。观演区主要包括舞台、三层观众厅与通高的共享休息大厅。三个空间形成斜贯基地的轴线序列，主入口面向中心广场，歌剧院的主要附属用房和公共服务设施均布置于环形体量之中。地下车库与其他设备用房布置在基地的地下一层并与东侧广场地下空间贯通。歌剧院观众厅拥有 1 800 个观众席，可满足世界一流水准的歌剧、芭蕾舞、交响乐演出的要求。

弧形体量在三层高度与观演区脱开，与观众厅主体建筑共同围合成一个连续室外空间，并从广场引入台阶和绿化，加强了这个空间与广场的视觉联系。弧形体量三层平面主要布置有艺术展廊、艺术商店、艺术书店、表演艺术研究交流部和空中咖啡廊等高品位的文化艺术休闲设施，两侧庭院成为良好的露天展示及交流活动的场所。广场活动的民众可以自由地拾级而上，直接通过两侧庭院进入三层公共艺术主题区域，形成公共开放空间的延续和高潮。建筑造型封闭造型，提供了绝佳的音响效果。看似圆润的造型，表达了内心的纯真。建筑通过清晰完整的形体、连续匀质的界面(屋顶、外墙)和没有时间尺度的材料(玻璃、抛光的金属)暗示了歌剧院与新城的联系。建筑通过歌剧院东南边的大片透明弧墙实现视觉渗透，地表通过微妙的起伏而水平地内外贯通。夜晚，大厅的灯光将彻底消除内外的界限，城市活动与休息厅中天桥、扶梯、廊道上人的活动融为一体，共同构成新城的夜生活场景。

在规划设计中，广州歌剧院、博物馆分别位于新城轴线起点的两侧，与中央广场、滨江绿带共同形成文化艺术广场，成为城市的"客厅"。在功能方面，它较好地组织了城市与歌剧院之间各种流线的接驳关系及建筑内部与周边建筑环境的呼应关系；在建筑形态上，呈不规则"沙漠"形状，浑厚有力，标志性十分突出，并有未来感；在总平面设计及造型方面，该方案能与海心沙公园及珠江相结合，有良好的效果，且功能区分明确清晰。

扎哈·哈迪德(Zaha Hadid)1950 年出生于巴格达，在黎巴嫩就读过数学系，1972 年进入伦敦的建筑联盟学院 AA 学习建筑学，1977 年毕业获得伦敦建筑联盟(AA, Architectural Association)硕士学位。此后加入大都会建筑事务所，与雷姆·库哈斯和埃利亚·增西利斯(Elia Zenghelis)一道执教于 AA 建筑学院，后来在 AA 成立了自己的工作室，直到 1987 年。1994 年在哈佛大学设计研究生院执掌丹下健三教席。2004 年扎哈·哈迪德获得普利茨克奖。

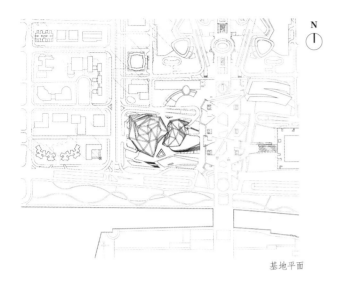

基地平面

项目名称: 广州歌剧院

地点: 广州天河区珠江新城珠江西路1号

设计单位: 英国扎哈·哈迪德建筑事务所

中方设计单位: 广州珠江外资建筑设计院有限公司

总用地面积: 42 000 ㎡

建筑面积: 73 019 ㎡（地上7层共40 558 ㎡；地下4层共32 461 ㎡）

建筑尺度: 大剧场 127×125×43m，多功能厅 87.6×86.7×25m

造价: 13.8 亿人民币

建筑声学顾问: Marshall Day Acoustics

舞台机械: 中国恩菲工程技术有限公司

灯光设计: 光景照明设计有限公司

设计时间: 2002 年 ~2007 年

竣工时间: 2010 年 4 月

摄影: Iwan Baan,Christian Richters,Virgile Simon Bertrand

资料提供: 英国扎哈·哈迪德建筑事务所

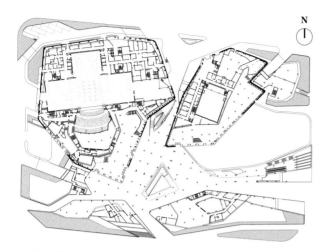

0.00m 平面

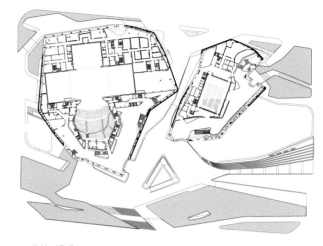

5.00m 平面

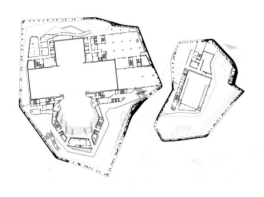

11.00m 平面

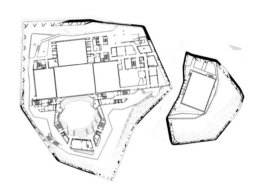

16.00m 平面

20.00m 平面

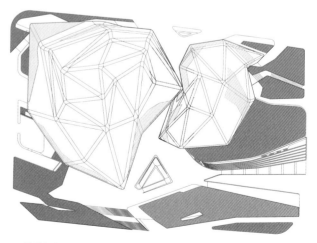

屋顶平面

1 平面图

2 从地下层看建筑

3 大厅

苏州博物馆新馆，江苏

2006 年 10 月建成的苏州博物馆新馆，原址为太平天国忠王李秀成王府遗址，紧靠世界文化遗产拙政园和全国重点文物保护单位太平天国忠王府。具体在忠王府以西，东北街以北，齐门路以东和拙政园以南地块，占地面积约 10 750㎡，建筑面积 8 000 多平方米。

贝聿铭在设计中将苏州传统建筑风格与现代建筑手法结合，提出了"中而新，苏而新"的设计理念。对苏州古城风貌与文化内涵的体现，不仅仅是复制传统形式，还要结合现代建筑的特点，运用当代技术和材料进行新的创造。

建筑在形制上，从独具特色的江南民居中提取基本要素。如斜坡屋顶在新馆建筑中以三角形坡顶表现，达到了与周边建筑的融合，简洁的几何造型又具有现代建筑的特点；屋顶铺"中国黑"

花岗石片，与白墙相配，再一次体现了江南建筑的特征；屋顶天窗从中国传统建筑老虎天窗中得到灵感，天窗位置居于屋顶中间部位，自然光线在木贴面遮光条的作用下，给室内带来了光影的变化；片石砌成的假山，以白墙为布景，以池水为前景，勾勒出一副写意山水画，是对苏州古典园林"山水"要素的借鉴，又加入了设计师的创新，用片石代替了假山，把"真山水"变成了山水画卷；钢结构代替了传统的木结构，体现了现代建筑的简洁明快。

建筑师贝聿铭是美籍华裔建筑师，出生于广州，祖籍苏州。到美国后在麻省理工学院和哈佛大学学习建筑，于 1955 年建立建筑事务所。1983 年他获得了普利茨克建筑奖。主要作品有波士顿肯尼迪图书馆、华盛顿国家美术馆东馆、丹佛市的国家大气研究中心、纽约市的议会中心和巴黎卢浮宫扩建工程等。

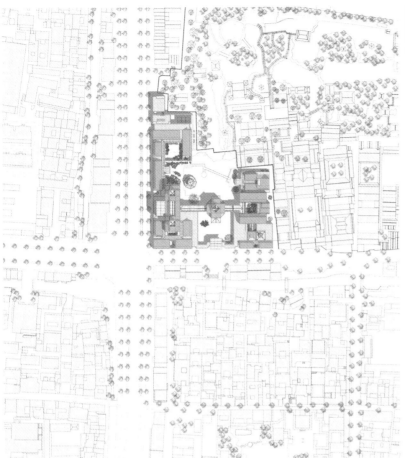

基地平面

项目名称：苏州博物馆新馆

地点：江苏省苏州市平江区东北街 204 号

设计单位：美国贝聿铭建筑师暨贝氏建筑事务所

项目经理：Gerald Szeto

设计团队：Flora Chen, Yi-Jiun Chen, Haruko Fukui, Richard Lee, Bing Lin, Kevin Ma, Andy Mei, Hajime Tanimura

中方设计单位：苏州市建筑设计有限责任公司

总建筑面积：17 000m²

设计时间：2002 年 6 月

竣工时间：2006 年 10 月

摄影：Kerun lp

资料提供：美国贝聿铭建筑师暨贝氏建筑事务所

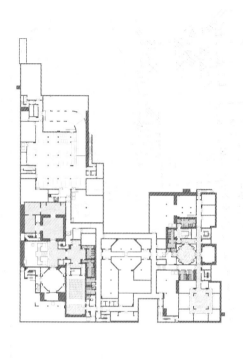

地下层平面

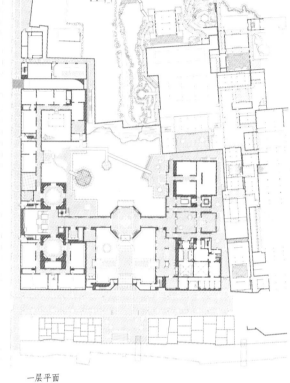

一层平面

二层平面

12 | 45　1-3 平面图
3 | 6　4 窗
　　　5 院内的紫藤树
　　　6 室内

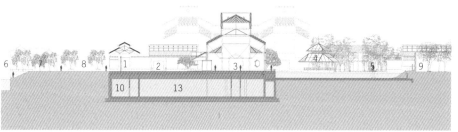

1 荷花池	8 特别展厅
2 西翼	9 库房
3 中央大厅	10 VIP 参观室
4 东翼	11 会议室
5 紫藤院	12 齐门路
6 茶室	13 忠王府
7 吴门书画	

1 主入口	7 博物馆广场
2 入口庭院	8 东北街
3 中央大厅	9 拙政园花园
4 茶庭	10 风扇机房
5 博物馆花园	11 库房
6 东北街河道	

1		4
2	3	

1 剖面图
2 当代艺术展厅
3 瓷器展厅
4 西走廊

中央美术学院美术馆，北京

中央美术学院美术馆由日本建筑师矶崎新设计，位于北京望京花家地南街8号中央美术学院内校区用地东北角，建筑占地面积3 546m²，总建筑面积14 777m²，是中国最具现代化标准的美术展览馆之一。建筑呈微微扭转的三维曲面体，天然岩板幕墙，配以最现代性的类雕塑建筑，展现中央美术学院内敛低调的特质，同时也与校园内吴良镛先生设计的深灰色彩院落式布局的建筑物充分融合及协调。

美术馆为地上四层，地下两层的建筑，内部设有完善的服务设施：地下一层有报告厅以及创作室、会议室等办公区域；地下二层设定了健全的书画保存机构，包括修复室、研究室、暂时和永久典藏室；地上一层为观众提供空旷的公共空间，设有书店、咖啡厅以及可以容纳380人的会议厅；二层是相对封闭的空间，主要满足固定展览的需要；三、四层主要针对大型展览，没有立柱，形成空旷的空间，其展厅采光利用壳体的一个水平剖面形成类似月牙形和三角形采光顶，以自然采光满足对光线的要求。

美术馆的空间设计满足多种展览的需求，这种需求不以牺牲内部的美感为代价，在内部采用大弧面曲线元素，用不规则的曲线划分出多个层面，线、面结合富于变化，有很强的现代感。为了整个美术馆内部造型的统一，设计注重设备的选择应用，尤其在灯光和展陈条件上，实用与美观并重，打造出内部空间的完美与协调。

矶崎新1931年出生在日本大分市，自从东京大学工学部建筑系毕业以后，在丹下健三的带领下继续学习和工作。1963年，他创立了矶崎新设计室，此后成为几十年来活跃在国际建筑界的日本建筑师。矶崎新的工作深受当地文化的影响，同时展示了敏锐的洞察力。他设计了大量作品，尤以美国佛罗里达州的迪士尼总部大楼、日本京都音乐厅、德国慕尼黑近代美术馆、日本奈良百年纪念馆、西班牙拉古民亚人类科学馆、美国俄亥俄21世纪科学纪念馆、意大利佛罗伦萨时尚纪念馆、日本群马天文台等最为著名。矶崎新认为"反建筑史才是真正的建筑史"。建筑有时间性，它会长久地存留于思想空间，成为一部消融时间界限的建筑史。

项目名称: 中央美术学院美术馆

地点: 北京市朝阳区望京花家地南街 8 号院中央美术学院内

设计单位: 日本矶崎新工作室

中方设计单位: 北京新纪元建筑工程设计有限公司

结构设计: 川口卫构造设计事务所、中国建筑科学研究院

设备设计: 上海裕健机电工程有限公司、中国建筑科学研究院

电气设计: 上海裕健机电工程有限公司、中国建筑科学研究院

设计时间: 2003 年 2 月 ~2005 年 5 月

施工时间: 2005 年 4 月 ~2007 年 12 月

建筑面积: 14 777m²

摄影: 胡文杰

资料提供: 日本矶崎新工作室

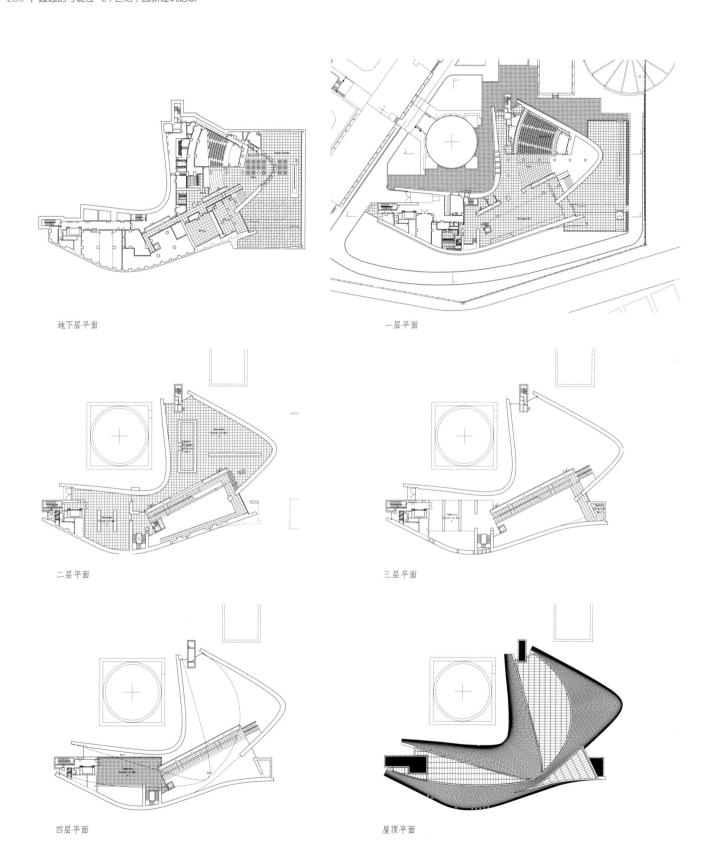

地下层平面

一层平面

二层平面

三层平面

四层平面

屋顶平面

1 | 2 3
— | 4

1 平面图
2 室内局部
3-4 室内

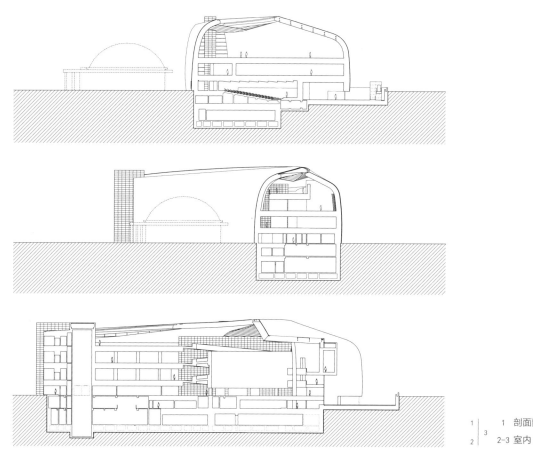

<table>
<tr><td>1</td><td rowspan="2">3</td><td>1 剖面图</td></tr>
<tr><td>2</td><td>2-3 室内</td></tr>
</table>

良渚博物院，浙江

　　良渚博物院前身是 1994 年开馆的良渚文化博物馆，位于杭州市余杭区良渚镇美丽洲公园，是一座良渚文化专题类的考古学文化博物院。

　　博物院以"一把玉锥散落地面"为设计理念，由不完全平行的四个长条形建筑体组成高低错落有致、内部相互连通的空间形态，使整个博物院好像是静卧在湖中岛上的远古良渚器物——玉锥。基于地形考虑的错动的长条形建筑体，呼应了水的灵动，同时简洁的造型又与良渚遗址自然的融合在一起。

　　博物院建筑极具现代感，但也注重对传统文化的研究：建筑用黄洞石砌成的外墙，远看犹如玉质般浑然一体，又与良渚文化独特的象牙黄玉质相似，体现出了良渚玉质的特征。而院内穿插设计的三个天井式主题庭院对美人靠以及良渚文化的典型器玉琮、玉璧的运用，是中国园林建筑元素的现代演绎。[39]

　　设计还对建筑空间的"功能第一"的原则予以充分考虑，采取建筑设计与展览文本策划同步的理念，从而使新馆的展览空间完全适应了展览文本的内容与形式设计。三个展厅内部空间高 8m 或 12m 不等，没有一个柱子，可任意进行空间分割和设计，空间利用率极高。

　　建筑师戴维·齐普菲尔德（David Chipperfield）1953 年出生于英国伦敦，毕业于伦敦 AA 建筑学院，曾工作于道格拉斯·斯蒂芬、理查德·罗杰斯、和诺曼·福斯特的建筑事务所。1984 年他成立了自己的建筑事务所。事务所涉及的范围包括建筑设计、室内设计、产品设计、小区规划甚至城市规划等，几乎包含了所有设计领域。其获得的国际奖项不计其数，包括 2010 年英国皇家建筑师协会金奖。代表作有柏林新博物馆、杭州良渚文化博物馆、九澍公寓等。同时他也是 2012 年威尼斯建筑双年展策展人。

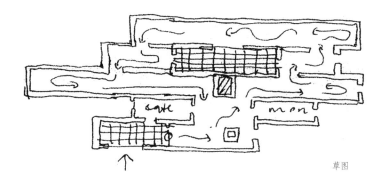

草图

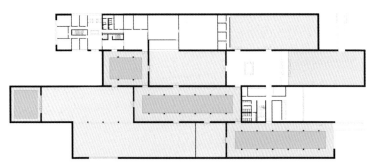

平面图

项目名称：良渚博物馆

设计单位：英国戴维·齐普菲尔德建筑事务所

概念设计：戴维·齐普菲尔德

执行建筑师：Mark Randel

项目建筑师：Annette Flohrschütz

项目组：Libin Chen, Marcus Mathias, Christof Piaskowski, Arndt Weiss, Liping Xu

中方设计单位：浙江理工大学建筑设计研究院

建设地点：浙江省杭州市余杭区良渚镇荀山南麓

总一层面积：9500m²

设计时间：2003 年

竣工时间：2007 年 6 月

摄影：胡文杰

资料提供：英国戴维·齐普菲尔德建筑事务所

万科中心, 深圳

万科中心是斯蒂文·霍尔（Steven Holl）和李虎合作设计的位于深圳的作品，曾获得美国建筑师协会荣誉奖（AIA）。这个地处深圳盐田区大鹏湾畔大梅沙旅游度假区的建筑体量并不轻盈甚至可以说是庞大的建筑物，却通过其先进的结构技术及施工技术为深圳市引入了一种新的城市建筑类型——"漂浮建筑"。基地北靠梧桐山绿色山脊，南依大鹏湾海域，与香港新界隔海相望。为了与所处的地理环境和亚热带的气候特征形成对话，设计以"漂浮的地平线，躺着的摩天楼——一个位于最大化景观园林之上的水平向超高层建筑"为理念，将万科建筑中心的几大功能区变为一栋建筑并且作了整体悬浮的处理。在充分尊重场地的前提下，形成了一个同纽约的帝国大厦高度差不多的由东到西总长度约430m的建筑主体。其功能包括公寓、酒店，以及万科集团总部办公室等。

与北京东直门的当代MOMA的局部"漂浮"不同，万科中心作的是一个整体悬浮的处理。设计在35m的限高下，采用精密的拉索桥技术，并有高强度无桁架混凝土框架，抬起一个

整体的结构以取代数个小结构体分别满足特定功能。建筑下方的支撑体是玻璃表皮，被称为"深圳之窗"的楼梯和电梯暗含其中，这样的构思在最大限度的释放底层公共空间的同时，也让穿行其间的人得到了不一样的空间体验。

除了"漂浮"成为设计的一大特色外，下沉的庭院、水系、绿地以及山丘组合出的丰富的立体景观也让行走其间的人流连忘返。设计采用了若干最前沿的可持续性设计策略，如利用了中水回收、雨水采集、绿色屋顶、多功能可控制电动百叶，以及高性能玻璃等等。

美国建筑师协会荣誉奖评审团认为："这幢建筑在土墩之间掠过，巧妙地孕育着景观——它构筑了周边景致，通过创造性手法使之在陆地上形成一个强有力的建筑形式。建筑为景观提供庇荫，让它保持呼吸，如同生命体一般创造整体的可持续性。这是一个独立创造的建筑类型，悬浮在景观上的综合建筑群在绿地上翩翩起舞。"

斯蒂文·霍尔是美国当代建筑师中的代表人物之一，被《时

项目名称: 深圳万科中心
地点: 深圳市盐田区大梅沙环梅路 33 号
设计单位: 美国斯蒂文·霍尔建筑师事务所
总建筑面积: 80 200m²
设计时间: 2006 年
竣工时间: 2009 年
摄影: Iwan Baan, SHA
资料提供: 美国斯蒂文·霍尔建筑师事务所

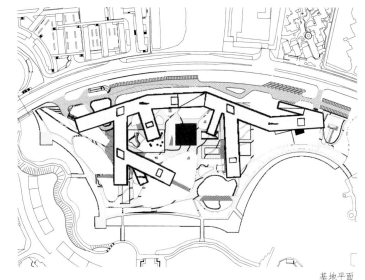

基地平面

代》杂志誉为美国最优秀的建筑师。1947 年生于华盛顿州的布雷·顿, 1971 年毕业于华盛顿大学建筑系, 在罗马学习建筑, 此后在伦敦 AA school 学习硕士课程。1976 年在纽约创立斯蒂文·霍尔建筑师事务所, 该事务所在国际享有盛誉, 以设计的高质量而多次获奖、出版及展览, 包括九次美国建筑师协会荣誉大奖, 以及近期北京当代 MOMA 荣获由国际高层建筑与城市住宅协会 (CTBUH) 所颁发的 "2009 年世界最佳高层建筑" 大奖等等。斯蒂文·霍尔建筑师事务所擅长有关艺术和高等教育类型的建筑设计, 包括赫尔辛基当代美术馆、纽约普拉特学院设计学院楼、爱荷华大学艺术与艺术史学院楼、西雅图圣伊格内修斯小教堂。近年建成的项目有中国深圳的万科中心、北京当代 MOMA、丹麦海宁艺术博物馆、挪威哈姆生中心和堪萨斯市尼尔森·阿特金斯美术馆等。

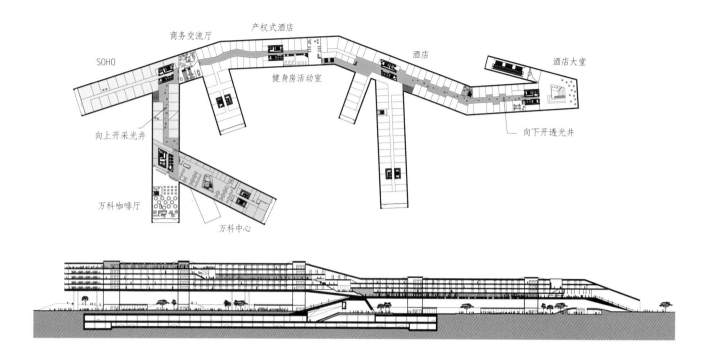

SOHO

商务交流厅

产权式酒店

酒店

酒店大堂

健身房活动室

向上开采光井

向下开透光井

万科咖啡厅

万科中心

建外 SOHO，北京

位于国贸桥西南角，北京 CBD 核心区的建外 SOHO 是一个完全开放的"社区"，提供商、住、办公的功能，被称为北京时尚的生活橱窗。建外 SOHO 没有围墙，16 条小街在占地约 17万 m² 的建筑群中流动，充满人情味。建外 SOHO 所带来的不仅仅是建筑概念的突破，更是创造了北京新生代一种新的居住模式。

整个建筑组团由若干个方形，平面相同的单体建筑组合而成，每个单体高度有别，高低错落。简洁的方框元素是建外 SOHO 建筑外立面的组成元素，体现了日本建筑师设计的特点。高度的统一带来了强烈的视觉冲击力。白色在外立面的运用加强了建筑的纯净性，突出了建筑群的简约气质。

街道和天桥是建外 SOHO 的内循环系统，串联起社区内部空间和屋顶花园。适宜行走的尺度，与公寓底层商业空间的结合，带来社区内丰富的街道生活。3 层的 SOHO 别墅被穿插在高层公寓之间，削弱了高层塔楼之间的距离感和超大尺度。屋顶的公共花园通过天桥交通，形成了脱离于地面喧嚣顶层空间。

建筑师山本理显出生于 1945 年，是在国际建筑舞台上非常活跃的日本建筑师。他尤以使用高科技建筑材料、注重建筑与环境的有机结合强调建筑空间影响人们行为方式的原则著称。山本理显强调"回归社会的现实性"，强调在现代繁华、快速的生活节奏下，使人们的居住环境回归原始的相互信赖、相互沟通、与社会充分交流的形态。山本理显设计工场成立于 1973 年，在许多重大设计竞赛中获奖，主要作品有日本熊本市保田洼公寓、琦玉省立大学、广岛城市消防中心等。

项目名称: 建外 SOHO

地点: 北京市朝阳区东三环中路 39 号 (国贸中心对面)

总设计师: 山本理显

设计单位: 山本理显设计工场 (日本)

占地面积: 16.9 万 m²

建筑面积: 约 70 万 m² (含地下面积)

设计时间: 2000 年

竣工时间: 2004 年

图片提供: 建外 SOHO

清华环境能源楼，北京

　　由意大利建筑师马里奥·库契纳拉（Mario Cucinella）设计的清华大学环境能源楼是意大利环境与领土资源部和中国科技部的合作项目，位于清华大学校园东门，容纳了教学、实验、科研、中意环境保护与能源节约研究中心、部分办公室和一个 200 座位的阶梯形报告厅。

　　建筑设计通过一系列测试和计算机模拟实验，对外形、朝向、外围护结构、技术系统以及其他一些性能进行了评估，以期能够在节能目标、二氧化碳最小排放值、合理的功能布局以及很好的反映现代建筑的风格特征之间找到一个平衡点，最终设计找到了解决方法，通过创新系统将经过和被实验可行的构建结合在了一起。清华大学环境能源楼中所使用的外围护结构构件、控制系统和建造技术代表了当今世界建筑领域的最新成果。

　　环境能源楼的建筑形式处理，对基地选址以及对北京气候条件进行了分析，它位于人口密集的城市中，周围被 10 层的高楼所环绕，最大可能的朝向是基地南面，大楼建筑形状的形成来自

于对太阳辐射以及遮阳效果的一系列测试和模拟，对其预期的能效是影响其形状设计的最重要因素，因而得出一个对称的 U 形建筑，中间形成一个半围合的庭院，朝南的一面逐层跌落。在剖面设计中，上层的楼板退后从而使室内空间获得最大程度的自然光线，为室内花园提供光和空气。

　　建筑的北面为了阻挡冬天的寒风采取了比较封闭而且保温性能良好的设计形式，而南面相对来说比较通透。东面和西面利用双层表皮来控制和过滤阳光的直射，从而使办公空间能够在白天获得最适宜的光线。建筑中的绿色空间、花园和平台，形成了这个项目的特色，悬挑结构向南延伸出去，为平台提供了遮挡。

　　屋顶的雨水被收集应用于卫生器具的清洁（厕所），前院的雨水将被收集到城市污水处理厂。卫生器具的清洁用水来自于再循环灰水和收集的屋顶雨水。雨水和废弃的灰水都收集并储存在地下的储水池里。这些储水池满溢之后会进入公共污水处理厂，再利用之前，收集的雨水会经过多种精细程度的沙子过滤器过滤。

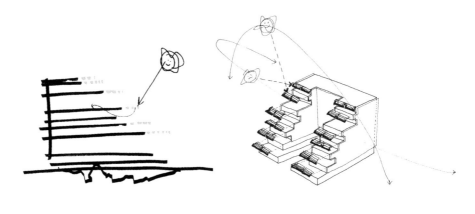

项目名称: 中意清华环境节能楼

地点: 清华大学内

主要设计人: 马里奥·库契纳拉

设计单位: 意大利马里奥·库契纳拉建筑师事务所

占地面积: 4 000m²

建筑面积: 20 000m²

设计时间: 2003 年

竣工时间: 2006 年 7 月

摄影: Daniele Domenicali

资料提供: 意大利马里奥·库契纳拉建筑师事务所

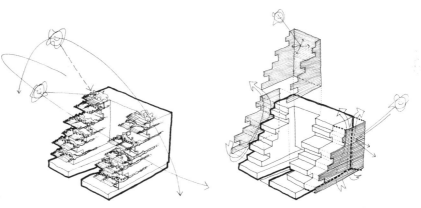

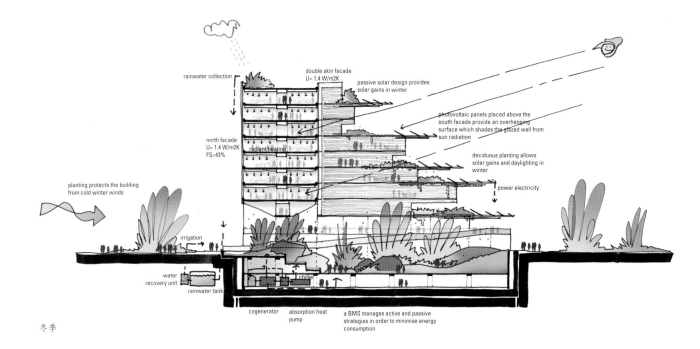

rainwater collection

double skin facade
U= 1.4 W/m2K

passive solar design provides
solar gains in winter

photovoltaic panels placed above the
south facade provide an overhanging
surface which shades the glazed wall from
sun radiation

north facade
U= 1.4 W/m2K
FS=43%

radiant heating

deciduous planting allows
solar gains and daylighting in
winter

power electricity

planting protects the building
from cold winter winds

irrigation

water
recovery unit

rainwater tank

chiller

cogenerator

absorption heat
pump

a BMS manages active and passive
strategies in order to minimise energy
consumption

冬季

1	4 5
2 3	6

1　分析图

2　建筑局部

3　阳台局部

4-5　室内

6　夜景

瑜舍酒店，北京

瑜舍酒店位于北京市朝阳区三里屯village的南边，是隈研吾的第一个酒店作品。酒店的英文名"The Opposite House"源于中国的四合院建筑，被理解为"对置屋"的概念，寓意取自传统中式四合院院落布局中院子的南侧往往布置客人的居所而主人的居所一般布置坐北朝南的位置的说法。设计实践了他的"负建筑"理念——消除建筑的建筑性，让它最大程度的融合在环境当中。

设计对传统的酒店空间进行了新的诠释，把作为一家设计酒店应有的"设计感"与酒店位于三里屯village的南边这个特殊地域的"公共性"完美的结合到了一起，让居住在此的客人既感受到无处不在的设计关怀又能消除客人与外界隔绝的孤寂感。设计在整体布局上采用四合院的形式的同时，把建筑的主体也设计成由四组客房群相互围合成中庭的形式，这种布局使建筑的空间充满空气感，同时又保持了对周遭环境的延续。

酒店为了和到此居住的客人产生互动，释放前台的神秘和严肃感，把前台设计成了一个如装置艺术般的巨大中药橱柜，里面摆放着各种艺术品，住客能随意抽开药柜。同时大厅把支撑建筑的柱子隐藏得十分巧妙，超高天花板和低低的沙发营造出天空感。大堂空间布置得十分流畅，几件中国当代艺术家的作品散落在各个角落，门口一对以明清青花瓷碎片拼贴而成的旗袍和中山装，宛若守门神。大厅中几条从天窗处垂下大不锈钢制帘幕，为空间营造出了特殊的气氛。不锈钢打造的泳池和运用大量的回收橡木铺设的地板为酒店增添了不少既现代又怀旧的色彩。

隈研吾是日本著名建筑设计师，1954年生于日本神奈川县，1987年建立"空间设计"事务所，1990年创办隈研吾建筑都市设计事务所，主要作品有马头町广重美术馆、那须石头博物馆、长城脚下公社——竹屋、"水／玻璃"和1995年威尼斯双年展日本馆等，并赢得了多项国内国际大奖，包括芬兰自然木造建筑精神奖(2002)、日本建筑学会东北宪章设计大奖(2000)和日本建筑学会奖(1997)等。隈研吾建筑都市设计事务所完成了50多个工程——包括栃木县那须市的Bato-machi Hiroshige博物馆、高柳社区中心、山口县木佛博物馆、北京"竹墙"等等。

项目名称：瑜舍酒店

建设地点：北京市朝阳区三里屯路 11 号院 1 号楼

主要设计人：隈研吾

设计单位：日本隈研吾建筑都市设计事务所

建筑面积：14 328 m²

竣工时间：2008 年 7 月

图片提供：瑜舍酒店

12	5	1 泳池
---	678	
34		2 餐厅

1 泳池
2 餐厅
3 电梯厅
4 餐厅入口
5-8 客房

注释 NOTE

37 吴珊.中国拒绝洋建筑实验场 [N].青年参考, 2004, 8, 12.

38 史建.中国城市十年的十个关键性转变 [N].周末画报, 2008, 12, 7.

39 参见良渚文化博物馆新馆 [J], 东方博物, 2007年第2期.

第四章
奥运建筑与世博建筑

一、奥运建筑的宏大叙事

2008年北京奥运会圆了中国人的百年奥运梦,同时也促进了我国建筑市场的繁荣。世界将关注的目光投向中国,奥运场馆的建设以及城市的建设需要,带来了一个完全开放的市场。国内外的建筑师在共同合作中,给中国带来的是具有未来色彩的当代建筑。与此同时,奥运建筑的建设过程也是我国建筑业发展的一次升华。

1999年9月6日,国家体育总局、北京市人民政府和国务院相关部门组成北京2008年奥运会申办委员会;2000年6月19日,奥运会申办委员会在洛桑向国际奥委会递交了申请报告;2001年7月12日,国际奥委会第112次全会在莫斯科著名的大剧院隆重开幕,会上最终通过投票确定北京获得第29届2008年奥运会主办权。

举办奥运会是一座城市乃至一个国家对外开放和经济发展的重要机会。1964年东京奥运会、1988年汉城奥运会、1992年巴塞罗那奥运会,都是在其主办城市迈向现代化大都市的关键时刻举办的。奥运会促进了城市更新改造的进程,缩短了城市规划建设的周期,为下一步的经济发展打下了基础。奥运会在这些城市的发展史上留下了辉煌的一页。奥运会举办城市的建设水平,也是国际奥委会最关心的问题之一。2000年3月,国际奥委会对10个申办2008年奥运会的城市进行了问卷调查。在22个问题中,有10个是直接和城市规划建设相关联的[40]。

自从国际奥委会在把奥运会的主办权授予北京之时起,北京就制订了详细的工程建设计划,并逐步展开实施。从2003年年底起,北京奥运会新建和改建的比赛场馆陆续开工,2008年顺利竣工。

2008 年北京奥运会场馆	
新建场馆	国家体育场·国家游泳中心·国家体育馆·北京射击馆·北京奥林匹克篮球馆·老山自行车馆·顺义奥林匹克水上公园·中国农业大学体育馆·北京大学体育馆·北京科技大学体育馆·北京工业大学体育馆·北京奥林匹克公园网球场
改扩建场馆	奥体中心体育场·奥体中心体育馆·北京公认体育馆·首都体育馆·丰台体育中心垒球场·英东游泳馆·老山山地自行场·北京射击场·飞碟靶场·北京理工大学体育馆·北京航空航天大学体育馆
临时场馆	国家会议中心击剑馆·北京奥林匹克公园曲棍球场·北京奥林匹克公园射箭场·北京五棵松体育中心棒球场·朝阳公园沙滩排球场·老山小轮车赛场·铁人三项赛场·公路自行车赛场
京外比赛场馆	青岛奥林匹克帆船中心·香港奥运马术比赛场地·天津奥林匹克中心体育场·上海体育场·沈阳奥林匹克体育中心·秦皇岛市奥体中心体育场

奥林匹克公园

　　根据奥林匹克宗旨，2008 年北京奥运会提出了"绿色奥运、科技奥运、人文奥运"的举办理念。

　　绿色奥运——把环境保护作为奥运设施规划和建设的首要条件，制定严格的生态环境标准和系统的保障制度；广泛采用环保技术和手段，大规模多方位地推进环境治理、城乡绿化美化和环保产业发展；增强全社会的环保意识，鼓励公众自觉选择绿色消费，积极参与各项改善生态环境的活动，大幅度提高首都环境质量，建设宜居城市。

　　科技奥运——紧密结合国内外科技最新进展，集成全国科技创新成果，举办一届高科技含量的体育盛会；提高北京科技创新能力，推进高新技术成果的产业化和在人民生活中的广泛应用，使北京奥运会成为展示新技术成果和创新实力的窗口。

　　人文奥运——传播现代奥林匹克思想，展示中华民族的灿烂文化，展现北京历史文化名城风貌和市民的良好精神风貌，推动中外文化的交流，加深各国人民之间的了解与友谊；促进人与自然、个人与社会、人的精神与体魄之间的和谐发展；突出"以人为本"的思想，以运动员为中心，提供优质服务，努力建设使奥运会参与者满意的自然和人文环境。

　　在 7 年的奥运工程建设过程中，贯彻落实"绿色奥运、科技奥运、人文奥运"三大理念成为建设者的共识和必然要求，奥运建筑成为中国人强国梦的载体。

青年建筑师冯果川从奥运工程谈到现代"国家"叙事，他认为："亚运会比赛场馆设计可以说是本土化的现代风格。民族风情已经淡出，只剩下抽象、简洁的'大屋顶'。'大屋顶'形式与所采用的悬索式结构也比较统一，可以说是比较务实而经济的设计。这次的奥运建筑则完全摒弃了民族风情，采用的都是时髦的现代风格，与亚运会时期本土化的现代风格不同，这次的奥运建筑具有强烈的国际化特征。不仅体现在建筑设计上，也体现在设计人员上，亚运建筑完全由国内建筑师承担，而这次奥林匹亚公园规划和奥运主要场馆的主创大多为境外设计机构或境外境内设计联合体……国际化的特征建构了中国与世界同步的，甚至是引领世界发展潮流的景象。'鸟巢'、CCTV等造型奇特的建筑即使在西方也不易被接受，在北京却成为了现实。这些建筑奇观让国外媒体称为北京的建筑革命。应该承认，从建筑学的角度看CCTV、'鸟巢'等都是颇具水准的实验性建筑，但是这些前卫的建筑被权力从建筑学的语境中剥离出来选择后置于新的意识形态叙事中，他们的先锋性已经被'阉割'的干干净净，这些建筑不再是革命性的建筑，它们已经枯萎成空洞布景，成为权力装点门面的一尊尊'门神'[41]。"

不过，毋庸置疑的是北京的"绿色奥运"理念，为我国的新材料产业尤其是绿色材料产业带来了重要的发展机遇，主要涉及生态建材、可降解塑料、无铅助剂、太阳能电池以及清洁燃料等等方面。同时，在北京奥运场馆的材料使用上采用的一批自主创新的结果，成为了展示中国建筑新材料和新工艺的舞台。

1. 新型钢材

北京奥运会主体育场馆国家体育场"鸟巢"是目前世界上规模最大、用钢量最多、技术含量最高、结构最为复杂、施工难度空前的超大型钢结构体育建筑。"鸟巢"的钢结构在世界上是独一无二的，在此之前，国内从未生产过这种高强度的钢材。"鸟巢"工程的承建方——北京城建集团支持国内钢厂量身打造Q460高强钢板，突破了Q460的最大厚度100mm的国家标准，达到了110mm，不仅在厚度和使用范围上都前所未有，而且具有良好的抗震性、抗低温性、可焊性等特点，中国自主创新研发的钢材撑起了"鸟巢"的钢筋铁骨。

2. 新型塑料

国家游泳馆"水立方"拥有两项"世界第一"：一是在世界上规模最大、构造最复杂、综合技术最全面的工程建设中运用聚四氟乙烯（ETFE）立面装配系统；另一个是当今世界上最大的游泳馆。而"水立方"梦幻般的造型正是由于采用了膜结构新材料，形成了酷似水分子结构的几何形状，达到了这样的

效果。

（ETFE）为乙烯和四氟乙烯的共聚物，由于汽车和建筑新材料的应用以及现有应用领域需求的增长，其在全球的需求年增长率为5%。如此大面积地采用ETFE膜结构，在全世界也是首次，这不仅使国家游泳中心的建设速度大大加快、成本降低，而且隔热、保温、环保。

3. 照明新材料

"水立方"的景观照明使用的是LED节能灯，是用高亮度白色发光二极管作为发光源，光效高、耗电少、寿命长、易控制、免维护、安全环保的新一代固体冷光源。光源通过微电脑内置控制器，可实现LED的7种色彩变化，光色柔和、艳丽，低损耗，低能耗，绿色环保，不仅比普通照明节能近70%，而且由于采用了计算机编程控制，可以显示各种不同颜色和动态图案，为水立方营造出光影奇观。

4. 可再生能源

在2008北京奥运会场馆及基础设施建设中，继承应用了建筑节能、绿色照明、地（水）源热泵、冷热电三联供等高新技术，实现节能60%～70%。在绿色能源的使用方面，采用太阳能、风能等可再生能源为奥运场馆提供的"绿色能源"占奥运场馆能源供应的26.9%，并减少了二氧化碳排放量。

（1）太阳能

奥运村、奥运公园、奥运场馆的用电、草坪灯、公共照明以及部分空调和热水供应由太阳能来提供。太阳能光伏并网发电系统为部分场馆的照明与空调提供动力；奥运场馆外墙大面积贴上太阳电池满足了上述需要，太阳能成为奥运会上的主要能源。

安装在奥运村屋顶花园的太阳能热水系统作为花架构件的组成部分，与屋顶花园浑然一体，在奥运会期间为16800名运动员提供洗浴热水的预加热；奥运会后，供应全区近2000户居民的生活热水需求。另外，在奥林匹克网球中心、奥林匹克曲棍球中心、奥林匹克射箭场、北京射击馆、老山自行车馆、北京科技大学体育馆、朝阳公园沙滩排球场和丰台垒球场8个场馆及设施中也设计了太阳能热水系统，日最大供水量为590m³。

（2）风能

北京官厅水库风力并网发电系统采用我国自主研发的、具有国际先进水平的直驱永磁风力发电机组，于2008年1月18日并网发电，为北京市民和奥运场馆提供"绿色电力"。每年产生的"绿色电力"可满足10万户家庭生活用电的需求。北京官厅水库风电场的建设对调整能源结构，积极采用绿色能源，减少大气污染有着积极意义。

国家体育场

"鸟巢"（即中国国家体育场）作为 2008 年北京奥运会的主体育场，位于北京奥林匹克公园中心区南部。西侧为 200m 宽的中轴线步行绿化广场，东侧为湖边西路龙形水系及湖边东路，北侧为中一路，南侧为南一路，成府路在地下穿过用地。建筑面积 25.8 万 m²，容纳观众座席约为 91 000 个，其中临时座席约为 11 000 个（可在赛后拆除）。本工程为特级体育建筑，主体结构设计使用年限 100 年。

2002 年 10 月 25 日，受北京市人民政府和第 29 届奥运会组委会授权，北京市规划委员会面向全球征集 2008 年奥运会主体育场——中国国家体育场的建筑概念设计方案。第一阶段为资格预审，第二阶段为正式竞赛。最终参与竞赛有全球 13 家著名建筑设计公司及设计联合体。在随后的方案评审中，由中国工程院院士关肇邺和荷兰建筑师库哈斯等 13 名权威人士组成的评审委员会对参赛作品进行严格评审，选举出 3 个优秀方案。在此基础上，评审委员会又推选"鸟巢"方案为重点推荐实施方案。国家体育场于 2003 年 12 月 24 日开工建设，2004 年 7 月 30 日因奥运场馆的安全性、经济性问题成为讨论焦点而调整设计暂时停工，体育场取消可开启屋顶，方案调整风格不变，同年 12 月 27 日恢复施工，于 2008 年 3 月完工。

"鸟巢"主体建筑呈椭圆形，长轴为 333m，短轴为 298m，最高的高度为 68.5m，最低高度为 42.8m，中间开口南北长 182m，东西宽 124m。主体钢结构形成整体的巨型大跨度钢桁架编织式"鸟巢"结构。看台为混凝土碗形结构，两部分在结构体系上脱开。

屋顶围护结构为钢结构上覆盖双层膜结构。双层膜结构分别采用单层张拉式 ETEE 膜和 PTEE 膜。ETEE 膜可防风雨侵蚀和紫外线。PTEE 膜则起遮挡结构、营造声学效果和隔声的作用。

该项目以体育竞赛和观赛为本，做到结构与外观一体化、景观与建筑一体化。同时，其钢结构高度复杂，有体现新型建筑材料和技术的膜结构，有建筑、结构、给排水设计高度整合的屋面雨水排水系统，具有基于计算机模拟技术的消防性能化设计和安保疏散条件，进行热舒适度、风舒适度和声环境研究，体现绿色奥运项目（雨洪利用、地源热泵、太阳能利用）。基于 CATIA 空间模型的三维设计方法与表达等新技术、新材料和新方法的运用达到了国际、国内先进水平，为推动我国建筑行业相关领域的技术进步和发展奠定了坚实的基础。

"鸟巢"的设计机构是赫尔佐格和德梅隆建筑事务所和中国建筑设计研究院（中方总设计师李兴钢）。负责主要设计的赫尔佐格和德梅隆建筑事务所是一家瑞士建筑事务所，1978 年成立于瑞士巴塞尔。它的创办人和资深合作人，雅克·赫尔佐格（Jacques Herzog）和皮埃尔·德·梅隆（Pierre de Meuron）都曾就读于苏黎世联邦理工学院。他们的代表作品有由河岸发电站改造的泰特现代美术馆。雅克·赫尔佐格与埃尔·德·梅隆是哈佛大学设计研究所和苏黎世联邦理工学院的访问教授。2001 年赫尔佐格和德梅隆获誉普利茨克奖。鸟巢是赫尔佐格和德梅隆设计的第三个体育场，他们设计的第一个体育场是瑞士的巴塞尔体育场，第二个体育场是 2006 年德国慕尼黑世界杯体育场。

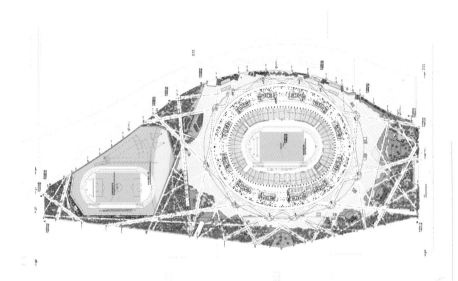

总平面

项目名称: 国家体育场 (鸟巢)

地点: 北京市奥林匹克公园

建筑设计: 赫尔佐格和德梅隆建筑事务所 (瑞士)

中方设计单位: 中国建筑设计研究院

中方总设计师: 李兴钢

用地面积: 204 100m²

建筑面积: 258 055m²

设计时间: 2002 年

竣工时间: 2008 年

资料提供: 中国建筑设计研究院李兴钢工作室

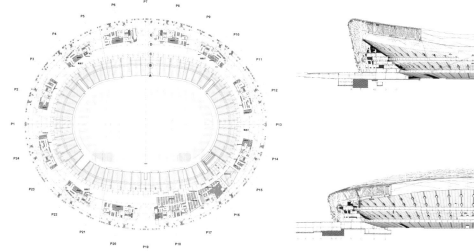

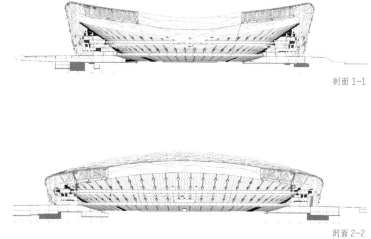

剖面 1-1

剖面 2-2

国家游泳中心

　　"水立方"（即中国国家游泳中心）位于北京国家奥林匹克公园内，是 2008 年奥运会游泳、跳水、花样游泳和水球的比赛场馆，可容纳座席 1.7 万个，基地面积 31 449m²，建筑面积 87 283m²，这个简洁明快又富有神秘感的方盒子，与公园中轴线另一侧的国家体育馆"鸟巢"遥相呼应。设计由澳大利亚 PTW 建筑设计事务所和中方主设计师赵小钧共同完成。

　　PTW 的建筑师引入 ETEE 膜作为建筑表皮，赋予建筑冰晶状的外貌。ARUP 的工程师基于 Kelvin "泡沫"理论，为该建筑设定了一种完美的结构形式。游泳中心项目的屋盖和墙体的内外表面均覆以 ETEE 气枕，气枕总面积达 10 万 m²，成为世界上最大的 ETEE 工程。ETEE 气枕不仅在视觉效果上充分满足了建筑美学对水的形状——泡沫状态下的水分子结构的表达，同时也最大限度地配合了主体钢结构"泡沫"结构体系的设计。

　　"水立方"还体现了诸多科技和环保特点：自然通风的合理组织循环水系统的合理开发和高科技建筑材料的广泛应用，这些都为游泳中心增添了更多的时代气息。

　　澳大利亚建筑设计事务所 PTW 成立于 1889 年，由詹姆斯·佩多创建。在长达一个多世纪的实践中，不仅成为澳洲最古老，也是最大和最多元的建筑设计公司之一。1988 年，PTW 进入中国，开始只是项目的前期概念设计，到了 20 世纪 90 年代，PTW 在中国的项目开始有了进一步的深化，比如上海外滩 30 号办公楼、黄浦区体育中心及附属办公楼和杭州滨江风雅前堂等，都是经过细致深化并融入了中国特色的完整建筑和空间设计作品。而最为国人熟知的，则是 PTW 为中国 2008 年奥运会设计的"水立方"国家游泳中心。

项目名称：国家游泳中心（水立方）

地点：北京奥林匹克公园内

设计单位：PTW 建筑事务所（澳大利亚）、中建国际设计顾问有
限公司、澳大利亚 ARUP 有限公司联合设计

占地面积：6.28hm²

建筑面积：79 532m²

建筑高度：31m

开工时间：2003 年 12 月 24 日

竣工时间：2008 年 1 月 28 日

资料提供：中建国际设计顾问有限公司

27.0m 平面图

N

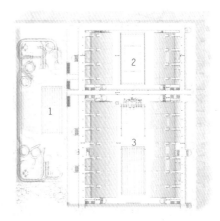

10.8m 平面图

1 水上娱乐中心
2 水球馆
3 奥林匹克馆

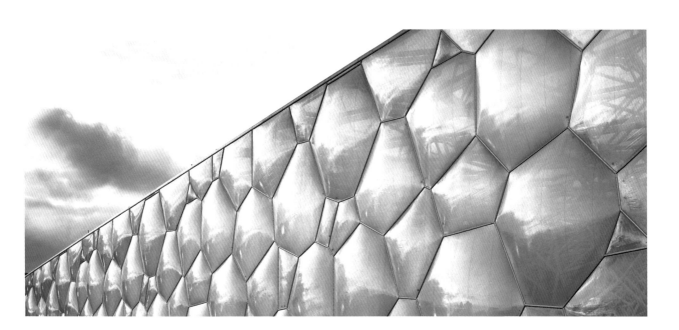

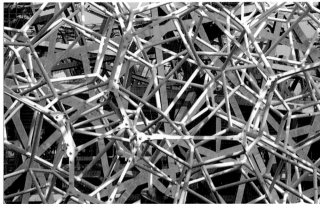

数字北京

　　朱锫设计的"数字北京"反映了建筑师对于信息时代建筑形式的思考,整个设计过程也是重新思考和理解信息建筑的过程,向人们展示了一个放大了的数字微观世界。

　　数字北京不只是一栋有特色的建筑物,一方面它作为奥运信息的储存器,另一方面它更是城市的一个信息中心场所。数字北京的形体切割为四个板块,东侧的一块为办公区,具有良好的采光和视野,中间和西侧的板块为数字机房,4 个信息块通过入口首层的网络桥塔进而被激活,承担着展示功能的"数字地毯"从地下一层渐渐开启变成墙面,再不断延伸和卷起,构成了空中的奥运数字虚拟博物馆,水平流动的数字地毯,快捷有效地网络桥,悬浮在空中的博物馆,它们之间的透明介质形成了层次多样的平面叠加关系,当行走在自然水面上的浮桥或进入建筑内部,人们会在移动中获得丰富的视觉变化感受

和强烈的场景对比,自然地与科技之间的对话。

　　印刷线路、芯片、数字流星雨、网络桥、数字地毯等概念,如同建筑电讯当年所提出的众多想法一样,是在当前技术知识背景上极易被认同理解的概念。通过将有选择的概念织到一个连续的网络中,使之成为一个浑然一体的系统。这个系统的 CPU 是中间的虚拟数字博物馆,它的重要性在于它是整个项目中唯一向市民开放的部分,唤起大众对新技术的热情,使一般市民能够通过动态的网络桥,穿过睡莲般的数字流星雨,进入一个属于城市的数字化殿堂。人们在这里能直接购买到最前沿的数码产品,晓知数字技术的历史、现状与未来,参观世界顶级信息技术的展示和演示,体验虚拟的数字空间,人们在这里感知数字时代,享受数字时代,膜拜数字时代 [42]。

N

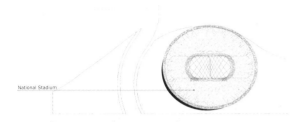

National Stadium

National Swimming Center

Digital Beijing

总平面

项目名称：数字北京

地点：北京奥林匹克公园内

主持设计师：朱锫、吴桐、王辉

设计单位：朱锫建筑事务所、都市实践

施工图设计：中国建筑标准设计研究院

总建筑面积：98 000m²

设计时间：2004 年 ~2005 年

竣工时间：2007 年

资料提供：朱锫建筑事务所

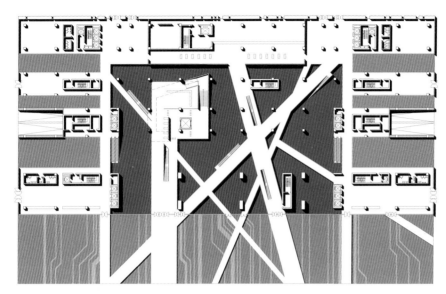

一层平面

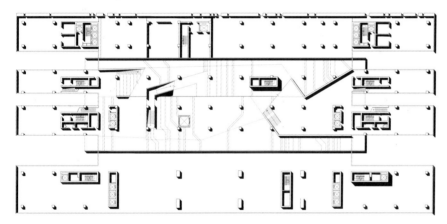

二层平面

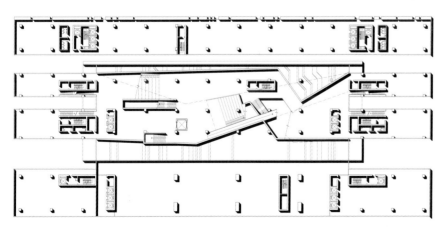

三层平面

1	4	1-3 平面图
2	5	
3	6	4-5 剖面图
		6 南立面

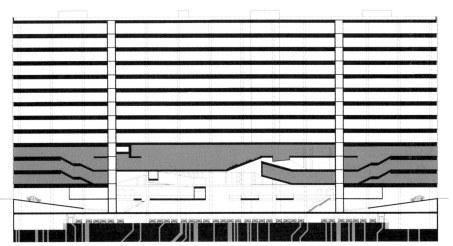

剖面 1-1

剖面 2-2

奥运射击馆

奥运射击馆坐落在北京西山脚下,分资格赛馆和决赛馆两部分,资格赛馆设有 50m 靶位 80 组,25m 靶位 14 组,10m 气枪靶位 60 组,以及 10m 移动靶位 8 组。决赛馆设置 10m、25m、50m 封闭套用场地,共设有靶位 10 组,其中 8 组用于比赛,2 组备用。设计以"林中狩猎"为理念,在建筑形式上呼应出森林原始狩猎工具:弓箭的抽象意向。资格赛馆与决赛馆之间的联系部分是整个射运中心园区入口,建筑设计采用将屋面与入口台连接成整体的处理手法,由此形成的弧形开口成为整个建筑特征鲜明的母题。在 2、3 层主要观众休息区域的幕墙外侧,采用铝型材热转印木纹肌理竖向遮阳百叶的处理,形成引发人们联想的抽象的森林意向。

资格赛馆与决赛馆之间设置的 2 层联系天桥,有效解决了两馆之间的联系以及观众与运动员流线交叉。资格赛馆采取 4 个靶场分 2 层竖向叠落的布置方式,内部从北向南,分别设置靶场射击区、裁判区、观众座席区、绿色中庭、观众厅等几个功能片段,为此,资格赛馆的长度达到 260m。在结构设计上,配合上下层靶位的不同宽度模数关系,设置大跨度柱网体系,在同一组比赛靶位内实现无柱空间。为此,采取了 23.7m×117.6m 大跨度无梁预应力楼板的结构布置方式,实现了大跨度的无柱空间,而且防震动效果良好。射击馆各赛场安装的"电子靶计时记分系统"是目前世界上最先进的射击比赛计时记分系统。该系统采用超声波定位技术与多媒体信息技术,能自动采集射击信息,实时统计、显示各靶位的射击分数,决赛馆电子靶计时记分系统还能实时显示各靶位射击的弹着点。

建筑设计打破了建筑室内与室外环境的严格界限,通过"渗透中庭"、"呼吸外壁"、"室内园林"等建筑、空间元素将自然环境引入室内,实现室内外空间相互渗透。建筑中运用成熟、可靠、易行的生态建筑技术,充分利用阳光、雨水、自然风等可再生资源,如"生态呼吸式幕墙"、清水混凝土外挂板、大跨度预应力空心楼板、浮筑式楼板、开放式空调、"生态肾"毛管渗滤中水处理系统等具有创新意义的技术以解决射击馆空调、用水、用电等能源问题[43]。

项目名称：奥运射击馆

地点：北京市石景山区

工程主持人：庄惟敏

建筑专业总负责人：祁斌

设计单位：清华大学建筑设计研究院

总建筑面积：47 626m²

竣工时间：2007 年 7 月

摄影：张广源、祁斌

似合院

奥林匹克公园中心区下沉花园中国传统元素景观设计项目是在北京奥林匹克公园内的"似合院"（齐欣建筑设计咨询有限公司设计），委托方受 2006 年多哈亚运会的启发，看到了通过使用当地的文化元素，使场馆及景观极富特色，由此决定在奥体公园中设计 7 个延续的下沉空间，表达中国的地方文化特色。将历史与文化因素融入建筑创作，不但能使建筑具有特色，还能使其具有亲和力和根基。

四合院群落的屋顶是老北京城的特色，而这片下沉空间比公园场地的标高低了 9m，使展示建筑的第五立面成为了一种可能和必要。除了屋顶，作为老北京城的基本构成要素，四合院这一建筑类型还具有如下特点：

第一，相对于城市，它是封闭而私密的居住场所，空间组织中充分体现了外合内敞的原则；第二，建筑群体是由一系列简单矩形平面构成的"间"相拼而成的；第三，其结构为梁柱体系或框架体系，具有所谓的墙倒屋不倒的特征；第四，其建造元素完全由预制构件组成。

私密与围合显然与这一公共场所的性质相左，而这种矛盾和对立恰恰促成了从另一视角观赏中国建筑的契机。方案清除了所有的围合物以彻底打破室内外的界限，从而将原本封闭和私密的空间转换成开敞而公共的场所，让人们得以在其中无拘无束的自由行走。

在 1 个被 9m 柱网围合的限定空间中，有另一层 4.5m 的柱网统辖了这里的景观。柱网上的一些柱子打了弯，与梁连体，其他的上面支檩，檩上架椽，椽上铺瓦，与传统四合院建筑一脉相承。构架广泛应用预制构件，材料为钢。钢的特质简化了原来相对繁琐的造型，反映出时代的气息。

由梁柱制成的遮阳棚为下沉广场两侧的商业、餐饮创造了在户外拓展的条件。其中的一个回廊在条凳的伴随下围合出一片水面，浅浅的水池中铺满了晶莹的玻璃珠，冬天可在视觉上取代水体。

四合院坡屋顶的造型在西侧的商业建筑立面上得到演绎，仍然是同一规格的钢管，还保持着同样的坡度，但在这里却被竖向搁置，构成具有韵律感的墙面和出入口。

为使人们在不同的高度上观赏到不同的景色，方案利用 9m 的下沉高度，将景观设计从简单的二维空间延伸到三维，柱网上的大部分柱子直冲云霄，上面悬挂着高高低低的红色圆环，圆环在乎赢了奥运标志的同时，根据高度的变换，可为座椅、台面、灯笼，夜晚红色的圆环将营造出缥缈梦境的景象。灯笼的原型也用在了东侧的商业建筑立面上，白天展示"笼"的造型，晚上发挥灯的作用。[44]

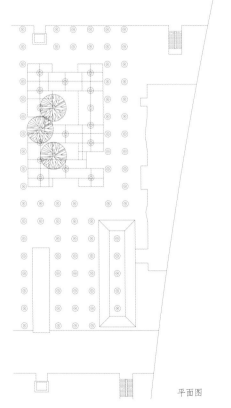

平面图

项目名称: 似合院

地点: 北京奥林匹克公园内

设计团队: 齐欣、张亚娟、徐丹、王斌

设计单位: 齐欣建筑、

北京市建筑设计研究院

面积: 3 300m²

竣工时间: 2008 年

资料提供: 齐欣建筑

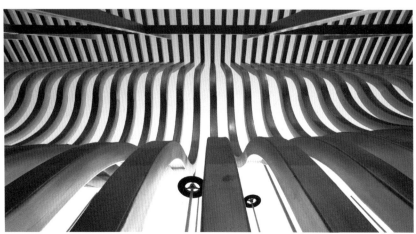

二、城市，让生活更美好

自 1851 年英国伦敦举办第一届世界博览会以来，世博会因其发展迅速而享有"经济、科技、文化领域内的奥林匹克盛会"的美誉。世博会历来是展示人类前沿科技的平台，并成为城市规划和建筑设计创新的实验场。2010 年第 41 届世界博览会在上海举办，主题是"城市，让生活更美好"。展览时间是 2010 年 5 月 1 日至 10 月 31 日，总投资达 450 亿人民币，创造了世界博览会史上最大规模纪录。同时 7 308 万的参观人数也创下了历届世博之最。上海世博会共有 190 个国家、56 个国际组织参展。

2010 年上海世界博览会会场位于南浦大桥和卢浦大桥区域，沿着上海城区黄浦江两岸进行布局，并以一条椭圆形的运河将世博会场地联为一体，运河范围内是世博会的主要展馆区。运河外还安排有部分企业馆区、中国地区馆区和后勤保障区等，世博会围栏总面积为 3.1km²，总建筑面积达 120 万 m²。总展馆建筑面积超过 80 万 m²，国际展馆区建造在黄浦江岸边周围的场地上，展馆建筑面积达到 30 万 m²。

上海世博会被认为是一次探讨新世纪人类城市生活的伟大盛会。而世博会的举办使上海在城市的综合实力、空间环境和建筑品质方面更是上一个层次。郑时龄院士认为"2010 年世博会已经成为上海城市发展的里程碑，在城市空间和环境方面，将推动上海继续迈向可持续发展和宜居的城市。前世博和后世博的上海有着重大的变化，这一变化不仅表现在城市的基础设施方面，也表现在城市发展的理念以及建设未来理想城市的蓝图。上海正在规划并实施一系列的城市发展计划，既考虑世博会园区的后世博发展，也计划后世博的黄浦江两岸和整个城市的发展[45]。"

据说这是世博会史上第一次以"城市"为主题，冯果川指出："此处所言的城市应该是现代城市，与古都长安那个城市概念完全不同，与西方人历史上的城市也不同。现代城市是欧洲大工业革命催生出的，是大工业导致劳动力大规模集中的结果，其建设速度和规模是古城所没有的。进一步说，现代都市是人口、资本、物资、信息、权力等的集中之地，驱动城市发展的动力是金钱和权力，不是为了让个体生活更美好的善良愿望……

当我们以为城市会让生活更美好的时候，应该去参观世博会，切身体会一下，世博会是怎么让生活更美好的。如果你对美好定义就是更大更贵更疯狂，你也许会满意；如果你希望的是更贴心的服务、更舒适的环境、更方便的生活，那么繁华空旷的世博会将让你深刻体会梦想与现实的严酷距离[46]。"

上海世博会各项建筑围绕"城市，让生活更美好"的主题，追求建筑形式和建筑理念的创新，突出地域文化、地方特色，展示不同文明的价值、精神追求和建筑，或表现新科技、新创造，或倡导节能环保，以未来城市生活为憧憬，描绘未来城市的美好生活蓝图。

中国馆

　　上海世博会组织者于 2007 年 4 月 25 日开始向全球华人公开征集中国馆建筑设计方案，在短短几个月内，共收到设计方案 344 个。华南理工大学建筑设计研究院"中国器"这一方案并没有通过初选。但在 20 进 8 的评选中，评审专家对选出的方案都不太满意，于是程泰宁院士又去翻查被淘汰的方案，并把落选的"中国器"捡了回来。8 月 17 日，从 8 个方案中筛选出 3 个推荐方案。这三个方案分别是，华南理工大学建筑设计研究院的"中国器"、清华大学建筑学院简盟工作室和上海建筑设计院的"叠篆"以及北京市建筑设计院的"龙"方案。投票结果，"中国器"和"叠篆"均为 10 票。于是最后经过商议，将两者合二为一，名为"东方之冠"的建筑构想也逐渐成形。2007 年 9 月中旬，由总设计师、中国工程院院士、华南理工大学教授何镜堂领衔的设计小组开始具体行动。2007 年 11 月 12 日，中国馆筹备领导小组第一次会议审议并通过了这个优化方案。

　　中国馆位于世博园区的核心地段，南北东西轴线的交汇处。展馆面积 1.58 万 m^2，是上海世博会面积最大的展馆。展馆建筑外观以"东方之冠，鼎盛中华，天下粮仓，富庶百姓"的构思主题，表达中国文化的精神与气质。中国馆分为国家馆和地区馆两部分，其中国家馆建筑面积为 46 457m^2，高 69m，大红外观，斗拱造型，层叠出挑，形成"东方之冠"的城市雕塑。地区馆高 13m，水平展开，形成华冠庇护之下的立体公共活动空间，

以基座平台的形态映衬国家馆。设计者以整体布局隐喻天地交泰、万物咸亨，展现了中国文化、东方哲学对理想人居社会环境的憧憬。同时体现传统中国建筑与城市布局的风水理论。地区馆建造表皮则镌刻"叠篆文字"，传达中华人文、历史、地理信息，平台基座汇聚人流，寓意"福泽神州，富庶四方"。在降低建筑能耗方面，设计综合运用生态技术，通过国家馆的自遮阳体型、地区馆气候调节表皮以及中国馆园的生态农业景观等技术措施来达到生态、环保的目的。

　　展馆的展示以"寻觅"为主线，带领参观者行走在"东方足迹"、"寻觅之旅"、"低碳行动"三个展区，在"寻觅"中发现并感悟城市发展中的中华智慧。设计结合当代的空间设计理念与新颖的互动信息技术，展现中国当代城市化的进程。[47]

　　中国馆方案公布后，主流媒体都盛赞中国馆建筑外观以"东方之冠"的构思主题，表达了中国文化的精神与气质，它的标志性、力学美感和文化内涵必将大大提升中国人民的自信心和自豪感。民间也有各种不一样的言论，ABBS 建筑论坛上众多建筑师对此方案表示不同意见，10 天时间里"纯粹建筑论坛"就有不下 10 个关于中国馆主题的讨论帖子。独钓寒江雪说：为什么一个巨大的斗拱的简化"造型"被当作中国馆建筑形态文化表达的手段，并可以形成"传统建筑的当代表达"？中国馆的那种气派感、表现权力至上、等级森严与现代感和现代性是完全背道而驰的。

项目名称：中国馆

地点：上海世博园区浦东 A 片区

项目总负责及总建筑师：何镜堂

设计单位：华南理工大学建筑设计研究院、

　　　　　北京清华安地建筑设计顾问有限公司、

　　　　　上海建筑设计研究院有限公司

占地面积 7.14hm²

建筑面积：160 000m²

摄影：刘其华、韦然

世博轴

世博轴作为 2010 年上海世博会主入口和主轴线，全长约 1000m，宽约 110m，基地面积 13.6 万 m^2，总建筑面积 25.2 万 m^2，是世博园区最大的单体建筑。由于地处浦东世博园区中心地带，左右分别连接中国馆、主题馆、世博中心和世博演艺中心，因此这 4 座建筑被称为"一轴四馆"。

世博轴在设计中充分引入生态、环保和节能的理念，并大幅度采用环保节能新技术，如通过阳光谷及两侧草坡把绿色、新鲜空气和阳光引入各层空间，同时利用地源热泵、江水源热泵、雨水收集利用等。

世博轴也是世博园区内唯一一个全部使用地源热泵技术的空调冷热源系统集成的项目。经初步测算，世博轴自来水替代率达到 50% 以上，运行费用比常规空调系统降低 20% 以上，空调冷却水节约率 100%，春秋季自然通风节能率 50% 以上。建筑形态与节能技术相结合是工程的主要特点，具体体现在：开敞空间、自然通风；地下室绿坡延伸室外；膜结构遮阳顶棚；节省建材，大量应用清水混凝土饰面和薄铺装涂料等。

世博轴是世博会一轴四馆五大永久建筑之一，是一个集商业、餐饮、娱乐、会展等服务于一体的大型商业、交通综合体。在世博会期间，世博轴是世博园区空间景观和人流交通的主轴线。世博会后，将成为上海第三个市级中心的都市空间景观和城市交通主轴，提供市民活动、商业服务、交通换乘的空间。

作为世博园区最大的单体项目，世博轴由上海世博土地控股有限公司负责建设，由德国 SBA 公司设计，上海华东建筑设计研究院和上海市政工程设计研究总院完成施工图设计。

项目名称：世博轴

地点：上海世博园区浦东 B 片区

总建筑面积：248 601m²

地上建筑面积 61 076m²

地下建筑面积 187 525m²

建筑基底面积：45 861m²

层数：3 层（地下室）+2 层（地上）

建筑高度：12.5m ~ 30.5m(按檐口至地面)

外方设计单位：德国 SBA 公司

外方建筑师：李宏，Bianca Nitsch，Cathrin Fischer，Benedikt Koester，Reinhard Braun，张雷，袁小愚，戚毅君

中方设计单位：上海现代设计集团华东建筑设计研究院、
　　　　　　　上海市政工程设计研究总院

中方建筑师：黄秋平、孙俊、蔡欣、欧阳恬之、周明、黄巍、孙瑛、方一帆

摄影：韦然、刘其华

主题馆

主题馆位于浦东世博园区 B 片区，占地面积约 11.5hm²，总建筑面积达 14.3 万 m²，其中地上 9.3 万 m²，地下 5 万 m²，展览面积 8 万 m²，是世博会历史上规模最大的主题展馆。整个建筑由地上 4 个展厅、地下展厅、中庭以及附属用房组成。作为世博会永久保留建筑，世博会期间，主题馆成为本届世博会"地球·城市·人"主题展示的核心展馆，世博会后，主题馆将转变为标准展览场馆，与周边中国馆、世博中心、世博轴和演艺中心共同打造以展览、会议、活动和住宿为主的现代服务业聚集区。

设计从上海的里弄屋顶得到灵感。作为上海城市肌理中最具美感及历史感的元素，里弄住宅区的屋顶极富韵律感。均匀排列的坡顶、虚实相间的天井、错落有致的老虎窗，设计将这些"里弄肌理"提炼到主题馆屋面中来，显示上海传统石库门建筑的文化魅力。主题馆主屋面设计为折线形屋面，利于大面积屋面的分区排水，屋面还大面积铺设太阳能板，采用并网发电运行方式，将太阳能发电传回城市电网中。主题馆东西立面设置垂直生态绿化墙面，利用绿化隔热外墙在夏季阻隔辐射，并使外墙表面附近的空气温度降低，降低传导，同时冬季不影响墙面得到太阳辐射热，形成保温层，使风速降低，延长外墙的使用寿命。

建筑师曾群 1989 年毕业于同济大学建筑系，1993 年获得同济大学建筑系硕士学位，1989 年至今工作于同济大学建筑设计研究院，主要作品有中国电信及中国移动通信大厦、中国科技大学国家实验楼、钓鱼台国宾馆芳菲苑、东莞市行政中心、东莞市展示中心等。

项目名称：主题馆

地点：上海世博园区浦东 B 片区

主要设计人：曾群、丁洁民、邹子敬、文小琴、丰雷、孙晔

设计单位：同济大学建筑设计研究院（集团）有限公司

占地面积 52 414m^2

建筑面积：142 662m^2

摄影：刘其华、韦然

世博中心

世博中心位于卢浦大桥东侧世博园区 B 区滨江绿地，南邻世博会主题馆，背靠黄浦江和世博公园，东面为世博轴、世博会演艺中心和中国馆。设计根据建筑物本身所承载的功能、所处的地理环境以及自身的性格特征、节能环保等方面的考虑，最终确定了"方盒子"这一建筑体量。建筑群落由两个体块组成，东部为多功能区，西侧为会议室，东西之间为顶部相接的 2 层连廊，下部为挑空的视觉通廊。建筑在排列方式上由西向东高低错落，既有整体的循序又不失节奏的变化。建筑东西长约 350m，南北宽约 140m，总建筑面积约 14.97 万 m²。

设计以"功能完善、形态庄重、节能环保"为原则，充分发挥区位优势，利用沿江景致，形成北区宽阔的公共活动空间。为了最大限度地把自然景观引入室内，建筑的外墙设计非常通透，并且每层都做了许多花园平台，在将浦江两岸风景尽收眼底的同时，大大降低了建筑自身体量。节能环保也是该建筑的一大特色，如建筑采用利于回收和环保的全钢结构，广场和道路全部采用透水材料，使用太阳能、LED 照明、冰蓄冷系统、雨水收集等新技术，并按国际绿色建筑的标准建成"绿色"建筑。

设计将主要功能区布置在沿江景观面，将后勤区域布置在建筑南侧或内侧。

功能以会议接待、公共活动为主，包括 2600 人会议厅、600 人国际会议厅、5000 人多功能厅和 3000 人宴会厅的四大核心功能，以及为其服务的中小会议区、公共餐厅、贵宾区和新闻发布区等四个辅助配套功能。

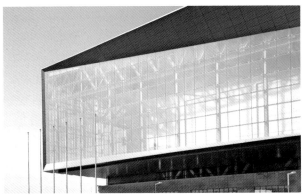

项目名称: 世博中心

地点: 上海世博园区浦东 B 片区

主要设计人: 汪孝安、傅海聪、亢智敏、乔伟、邬洪刚、安娜、马进军、
叶琪卿、戴振、凌克戈、雷菁、沈朝晖、张欣波、陈峻

设计单位: 上海现代设计集团华东建筑设计研究院

占地面积 6.65hm²

建筑面积: 142 000m²

摄影: 刘其华、韦然

世博文化中心

　　世博文化中心位于浦江南岸的世博核心区,北与世博展览馆隔江相望,西与世博公共活动中心呼应。整个演艺中心用地面积近 8 万 m^2,地上建筑面积约 4.5 万 m^2,地下建筑约为 2 万 m^2。该中心是 2010 年上海世博会期间各类综艺表演、庆典集会、艺术交流、学术研究、休闲娱乐、旅游观赏的多功能演艺场所。

　　建筑以"基于世博会中及会后长远的使用需求,凸显文化内涵,融演演、体育、娱乐、商业于一体的复合型建筑综合体"为设计理念,围绕主体演出空间设置相关衍生功能,形成大型的、独特的文化娱乐集聚区。为应对场馆功能的转换,适应多种观演模式。演艺中心主场馆通过设置于屋顶桁架内的一系列机械式升降隔断系统得以实现,形成容纳 18 000、12 000、10 000、8 000 或 5 000 座的多种使用模式,并使其表演空间也可从中心式的舞台转换成尽端式舞台或尽端与中心式的组合舞台,给予演出以无限的艺术创意和舞台设计空间。

　　完善的内部功能和合理的结构形式历来是建筑形态塑造的基础。世博演艺中心呈漂浮的碟型,正是基于周边环境因素、内部主要功能、结构体系三者的高度统一与结合。漂浮的碟形体、绿坡基座,缩小了建筑体量,让出了地面空间,柔化了天际线,呈现出轻盈灵动、时尚未来的建筑个性并与毗邻的黄浦江和谐共生[48]。

　　在建筑设计上,"世博演艺中心"采用了光电幕墙系统、江水源冷却系统、气动垃圾回收系统、空调凝结水与屋面雨水收集系统、程控绿地节水灌溉系统等多项环保节能技术,注重可再生材料的使用,其目标是成为一座"绿色生态建筑"。

　　建筑师汪孝安 1969 年初中毕业,同年赴黑龙江省插队落户直至 1978 年返沪,1979 年 4 月按政策顶替退休的父亲进入华东建筑设计研究院工作至今。现任现代集团华东建筑设计研究院首席总建筑师。主要作品有上海广播电视国际新闻中心、上海电视台制作综合楼、江苏广电城等。

项目名称：世博文化中心

地点：上海世博园区浦东 B 片区

主要设计人：汪孝安、鲁超、田园、涂宗豫、方超、刘玮、任意乐、吴英杰、
　　　　　　范一飞、李合生、张俊、赵雯怡、郑凌颖、衣健光

设计单位：上海现代设计集团华东建筑设计研究院

占地面积：67 242.6m²

建筑面积：126 000m²

摄影：刘其华、韦然

万科馆·2049

　　万科企业馆的主题是"尊重的可能"，希望通过这一主题来传递万科对美好未来的祈愿。该馆命名为"2049"，2049年既可意味着一个人的未来，也可意味着一个城市、一个国家甚至整个地球的未来。还可以象征通往未来的一段旅程，其中蕴含着无限可能。该馆通过5个小故事来讲述关于人、自然和城市的相互尊重，并导出万科所处房地产行业未来的发展方向——住宅产业化的探讨、摸索和实践。

　　万科馆由7个相互独立的筒状建筑组成，各筒之间通过顶部的蓝色透光ETFE膜连成一体，利用自然采光照明降低照明的能耗。超过1 000m^{2}的开放水域环绕着7个圆筒，水面映照天空，试图让参观者感受到与自然亲近的愉悦。而这片开放水域还会起到调节展馆区域气温、湿度的作用，营造一个自然舒适的小环境，几个分馆围合而成的中庭更能为参观者提供舒适的活动空间。

　　万科馆是一座低碳建筑，其回归自然、节能环保的理念在材料、通风、采光等方面都有体现，希望建筑可以唤起人们欣赏、尊重和顺应自然的态度，探求与自然的和谐相处之道。为此，万科馆选用麦秸秆压制而成的麦秸板作为最主要的建筑材料。展馆将通过热压和风压两种自然通风的模式，尽可能最大化自然通风，从而减少空调使用的时间，降低展馆在运营过程中对于能源的消耗。

　　多相建筑设计工作室于2006年在北京成立，合伙人为年轻的建筑师陈龙、胡宪、贾莲娜、陆翔，他们设计的上海世博会万科馆获得设计竞赛第一名。多相工作室通过积极的实践和专业的思考去发现和质疑设计和生活中的种种惰性，将"习以为常"和"不言自明"问题化，并感兴趣发现不确定的、未知的、可能的全过程。比起感性的灵光所带来的创造，多相工作室的工作方法更倾向于基于理性的理解力和洞察力之上的发现，以及基于逐步的研究之后的解答。主要作品有IVYKKI宁波厂区建筑设计及景观设计、ZUCZUG纸空间以及"穿墙术"系列。

项目名称：万科馆·2049
地点：上海世博园区浦西 E 片区
主要设计人：陆翔、贾莲娜、胡宪、陈龙
设计单位：北京多相建筑设计工作室
建筑面积：3 309m²
摄影：王岩石、舒赫、陆翔

宁波滕头馆

　　浙江宁波滕头案例馆位于上海世博会城市最佳实践区北部，是全球唯一入选上海世博会的乡村实践案例。案例馆总建筑面积达 1 300m²，为一座上下两层、古色古香的江南民居。设计运用体现江南民居特色的建筑元素，如江南水乡民宅所特有的浙东最具代表性的"瓦爿墙"这一民间传统工艺，以空间、园林和生态化的有机结合，表现"城市与乡村的互动"，进而凸显宁波"江南水乡、时尚水都"的地域文化。据设计人王澍介绍，该设计的灵感和景观结构来自明末画家陈洪绶的《五泄山居图》，它体现了中国传统的建筑美学和一种对未来农村模式的美好向往。

　　宁波案例馆以奉化滕头村为蓝本，以"城市化的现代乡村，梦想中的宜居家园"为主题，在馆内布置了表现中国农历二十四节气田园之声的"天籁之音"、可让观众参与并感知到滕头村充满浓郁乡土气息的"自然体验"以及"动感影像"、"互动签名"等特色区域。在第一展厅的"天籁之音"音效装置区，12 个高科技音罩播放出高清晰度的自然之音，游客可以在岁月走廊上聆听从立春到大寒的"天籁之音"。展馆二楼主厅的正中部分是自然体验区，它是一个自然开放的空间，头顶上绿树成荫，蓝天白云，鸟语花香。空间的顶部四周每隔 5 分钟将喷洒出水雾，借助水雾弥漫的介质作用，利用光学技术在水雾中形成一道彩虹，参观者穿行其间仿佛置身于七彩的虹光之间。在第二展厅的"动地之情"地动装置区，地面采用气动装置，与观众形成互动。同样与观众形成互动的是第三展厅的签名留念区，20 台计算机系统和指纹识别系统将引导观众在任意台面手写自己的宝贵意见，该意见或签名将被计算机记录并打印精美的印刷品。

　　馆内还辟出"农民生态种植实验区"，同时在屋顶设有 1.5m 厚的覆土，上面种植了高低错落的乔木，按王澍的设想，他希望这座建筑的氛围是四个字"浓荫蔽日"，碎影随风轻动，体现杨万里诗句"泉眼无声惜细流，树荫照水爱晴柔"的意境。最令人感动的是，王澍还在滕头馆的墙体上部用普通砖块营造出了一抹红色，代表着是中国文化废墟上的朝霞。

　　对传统文化在当代建筑中的表达以及作品的"时间性"是王澍作品的一个重要特征，"历史是延续的，人们的生活也是连续的"，王澍作品中对旧砖旧瓦的利用，不单是一个循环建造的理念，是传统在现代生活中的重构，更多的能唤起人们对家园的一种向往，对历史的认同，从而对如今的生活状态进行反思。

项目名称：宁波滕头馆

地点：上海世博园区浦西 E 片区

主要设计人：王澍、陆文宇

设计单位：中国美术学院建筑营造研究中心

建筑面积：1 200m²

摄影：傅兴、陆文宇

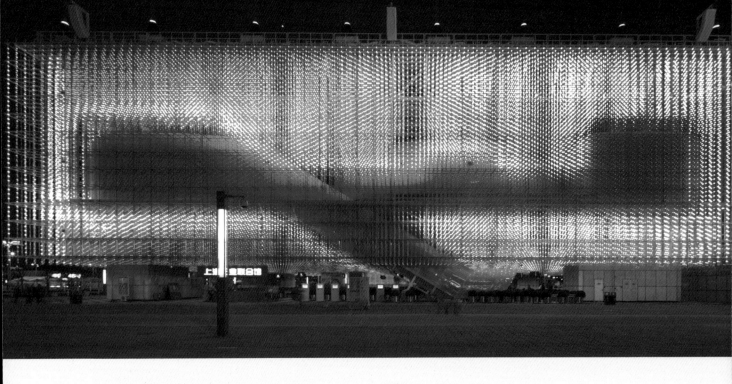

上海企业联合馆

上海企业联合馆位于世博会企业展馆区，是由上海市国资委下属的近40家大中型国有企业联合出资建造的。设计秉承"生态、环保、创新和具有视觉冲击"的理念，试图向人们传达上海企业联合馆的精神，是一个具有智能技术、梦幻意境和互动体验的生态环保建筑。

1976年，由伦佐·皮亚诺与理查德·罗杰斯设计的巴黎蓬皮杜艺术中心建造完成。整栋建筑的内部结构完全暴露在外，并将纵横交错的管道系统作为建筑表现形式。凭借该史无前例的未来主义设计，蓬皮杜中心实现了建筑领域的重大突破。至2010年，经历了一段长时间的高速技术发展，建筑内部的大量技术组件将会成为建筑的基本元素。因此建筑师希望将这一观察应用到设计中。不过，按建筑师的话说，企业联合馆的建筑设计并不是"为技术而技术"，而是希望通过这些复杂的技术和外观变化，在视觉上向人们传达上海企业联合馆的精神，和人们对美好未来的梦想的同时，来探究和解决日益严峻的能源和可持续发展问题，例如：新型塑料材料的使用以及太阳能和雨水的采集，其主要体现在以下几个方面：

第一，将太阳能热水发电作为能源利用全新的途径。上海企业联合馆在建筑屋顶上布置了1 600m² 的太阳能集热屏，收集太阳能生成的95°C热水，通过超低温发电新技术发电。这个技术开辟了利用太阳能发电的全新途径。这些电能可供建筑展览和日常用电。

第二，利用再生塑料这种可循环材料。据不完全统计，上海每年产生的废旧光盘在3 000万张以上，却只有25%得到了回收与再利用。如果将这些光盘回收清洗，可以再造出新的塑料（聚碳酸酯）颗粒。上海企业联合馆的外围立面材料采用聚碳酸酯透明塑料管，将各种技术设备管线容纳其中，共同构成建筑虚幻隐约的外立面。当世博会结束后，这些塑料管也很容易进入到再生循环体系之中，节省社会整体能耗。

第三，充分利用自然界的水和雾资源。上海企业联合馆场地范围内的雨水将得到回收，经过沉淀、过滤和储存等技术处理之后，可用作场馆内的日常用水，更可以为喷雾方案提供水源。喷雾方案不仅能够降低局部环境温度、净化空气，带来舒适的空间小气候；更能按照程序的控制，在建筑底层形成丰富多样的喷射图案，令企业联合馆的整体外观呈现出多变、飘逸的特点。

项目名称：上海企业联合馆

地点：上海世博园区浦西 D 片区

项目主持设计：张永和

设计单位：北京非常建筑设计研究所

建筑面积：4 949m²

图片提供：北京非常建筑设计研究所

英国馆

    英国馆的主题是"传承经典，铸就未来"。展馆的设计是一个没有屋顶的开放式公园，展区核心"种子圣殿"是由6万根蕴含植物种子的透明亚克力杆组成的巨型"雕塑"，被放在一张打开的"包装纸"上呈给观众。这些长7.5m的6万根透明亚克力细管被安装在6m长的铝套管内，使结构的主体建筑变得毛茸茸的，仿佛一颗正在成长的种子，又像是一朵飘落到世博园区的蒲公英。设计想要通过种子这个自然界的最基本元素来表现生物多样性对人类的影响以及英国对大自然的崇敬。这些触须状的"种子"顶端都带有一个细小的彩色光源，可以组合成多种图案和颜色。所有的触须将会随风轻微摇动，使展馆表面形成各种可变幻的光泽和色彩，因此展馆又被形容为"发光的盒子"。

    在英国馆，参观者将通过"绿色城市"、"户外城市"、"种子圣殿"和"活力城市"的展示进入"开放公园"。"绿色城市"中，参观者可以"鸟瞰"英国的四大首府——贝尔法斯特、卡迪夫、伦敦和爱丁堡。当城市建筑和街道被抹掉后，这些地图中剩下的是这四大城市中大片的绿色区域和茂盛苍翠的城市景观。在"户外城市"，参观者头顶上是一个"倒垂"着的缩小版的典型英国

城市，还将感受到"光雨"散落在身上的效果。"种子圣殿"是英国馆创意理念的核心部分，日光将透过亚克力杆，照亮"种子圣殿"的内部，并将数万颗种子呈现在参观者面前。植物的活力将在"活力城市"迸发出来，这里将展示种类丰富的植物，通过8个真实的植物生命故事和8个在未来可能实现的植物故事，展现植物与自然如何铸就城市生活的未来，介绍在英国的世界级顶尖科学家们的最新科研工作。"开放公园"是对城市律动的鲜活展示，在这块足球场大小的开放空间里，参观者将有可能看到以独特方式呈现的莎士比亚剧目演出，和足球运动员来个互动，欣赏前卫时尚的现代艺术表演，甚至是在板球运动中试身手。

    英国馆的建筑师是1971年出生的托马斯·赫斯维克，曾就读于曼彻斯特城市大学与伦敦皇家艺术学院，于1994年成立了自己的工作室。托马斯现任英国皇家建筑师协会荣誉会员、皇家艺术学院高级会员，拥有谢菲尔德哈勒姆大学、曼彻斯特城市大学、布莱顿大学与邓迪大学授予的博士学位，并于2004年获得了"皇家工业设计"勋章。2006年11月8日，托马斯获得建筑奖——"菲利普王子奖"。

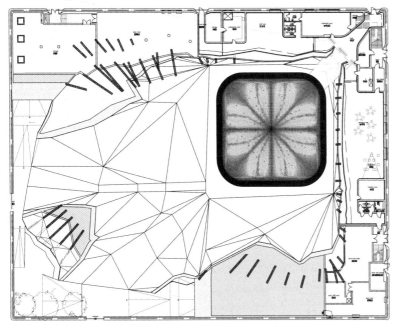

平面图

项目名称：英国馆

地点：上海世博园区浦东 C 片区

主要设计人：Thomas Heatherwick

设计单位：Heatherwick Studio

中方建筑师：曾群、顾英

中方设计单位：同济大学建筑设计研究院

（集团）有限公司

建筑面积：1 802m²

资料提供：英国总领事馆文化教育处

西班牙馆

　　西班牙馆是上海世博会面积最大的自建馆之一，参展规模之大也创下了西班牙参加世博会的新纪录。展馆是一座复古而创新的"藤条篮子"建筑，被昵称为"西班牙大篮子"。由藤条装饰的外墙，通过钢结构支架来支撑，呈现波浪起伏的流线型，阳光透过藤条的缝隙，洒在展馆的内部，充满诗情画意。西班牙馆总代表玛丽亚·蒂娜特别指出"藤条作为一种传统材料，在中国和西班牙都扮演着重要角色。使用藤条作为建筑材料，意在提醒人们展望未来的同时也须牢记根基和传统"。展馆所用藤板全部由山东手工艺人编制，不经过任何染色，藤条用开水煮 5 小时可变成棕色，煮 9 小时接近黑色，这就是这些藤板色彩不一的"秘诀"，同时每一块藤板都有编号，以便于精确地在国家馆硕大的外墙上定位。经过精心设计的藤板，与由钢管和透光玻璃构成的骨架完美贴合塑造出西班牙馆的婀娜造型。

8 524 个藤条板不同质地、颜色各异，面积达到 12 000m²，它们略带抽象地拼搭出"日"、"月"、"友"等汉字，表达设计师对中国文化的理解。

　　展馆以"我们世代相传的城市"为主题，内设"起源"、"城市"、"孩子"三大展示空间。参观者宛若置身于西班牙城市的街道上，感叹西班牙光辉灿烂的历史、人民的智慧和创新，品味众多知名的城市规划家、社会学家、电影工作者和艺术家共同打造的盛宴。

　　设计师贝纳德塔·塔格里阿布埃（Benedetta Tagliabue）1963 年生，是当今西班牙最优秀的女建筑师，其设计大部分集中在西班牙和欧洲。她曾与日本建筑师黑川纪章、法国建筑师让·努维尔，以及荷兰建筑师库哈斯等人一起参与北京奥运主场馆"鸟巢"和"水立方"设计方案的评选。

项目名称: 西班牙馆

地点: 上海世博园区浦东 C 片区

主要设计人: 贝纳德塔·塔格里阿布埃

设计单位: Miralles Tagliabue EMBT

中方建筑师: 郑时龄、任力之、张丽萍、司徒娅

中方设计单位: 同济大学建筑设计研究院（集团）有限公司

建筑面积: 8 500m²

摄影: 韦然、刘其华

注释 NOTE

40 陈刚. 由奥运设施规划建设引起的几点思考 [J]. 北京规划建设, 2000, 4.

41 冯果川. 奥运布景下的意识形态位移 [J]. 建筑师, 2008, 3.

42 朱锫. 数字北京 [J]. 世界建筑, 2008, 6.

43 庄惟敏. 国家象征的思考与本原语境的回归: 2008 年北京奥运会射击馆设计 [J]. 建筑创作, 2009, 4.

44 齐欣. 下沉花园 6 号院合院谐趣 - 似合院 [J]. 世界建筑, 2008, 6.

45 郑时龄. 后世博的上海城市空间 [J]. 城市中国, 2011, 3.

46 冯果川. 城市, 让生活更美好了吗? [N]. 南方都市报, 2010, 5, 21.

47 参见中国 2010 年上海世博会官网.

48 汪孝安, 鲁超, 田园, 涂总豫. 中国 2010 年上海世博会演艺中心 [J]. 建筑学报, 2009, 6.

第五章
集群建筑与建筑展览
一、中国集群设计现象

"集群设计"最早源于国外示范性实物建筑展，其中1927年"德意志制造联盟"的魏森霍夫试验住宅区可谓现代"集群设计"的开山之作。展览的初衷是应对第一次世界大战后德国住房紧缺和经济状况急剧恶化中的住房建设问题，强调的是经济与适用。展览聚集了密斯、柯布西耶、格罗皮乌斯、汉斯·夏隆等17位著名的现代主义建筑师，代表了当时欧洲最前卫的设计组合。他们以探索未来住宅设计为己任，使用创新的设计概念和设计方法，对住宅建筑的平面布局、空间效果、建筑结构、建筑材料等进行了一系列革新，并开创了"国际主义风格"。之后，1931年以"我们时代的住宅"和"新的建设"为主题的"德国建筑展"，以及1957年以"明日城市"为主题的国际建筑展，现代主义建筑师的一次次集体亮相，无一不是针对当时的社会问题，体现了现代主义建筑师强烈的社会责任感。集体智慧的交锋推动了学术进步，于是"集群设计"这种与生俱来的"精英"气质，使"集群"不只是简单的数量概念，还隐含了"前瞻性"与"示范性"的意义。

西方各国在20世纪80年代后也涌现出一些集群设计力作，如德国柏林波茨坦广场、日本东京六本木山等，这些项目不再是有组织、有主题、有特定目的和区域的展览活动，而是一般意义的房产开发项目，其产生动机也不再是单纯的学术研究或是对于社会建构的使命，其精英气质更多地被当作商业利益最大化的筹码[49]。

这种由业主直接邀请的建筑师集群设计的方式本身就形成了令人瞩目的"建筑事件"，而极具个性的建筑形态组合一处，也势必构成了城市中一道靓丽的风景线。更重要的是，它所表现出来的创作思想往往集中反映了这一时期世界建筑发展的某一种趋势，因此，在建筑文化的层面上也有着重要的学术价值[50]。

2000年潘石屹、张欣策划的"长城脚下的公社"开启了中国的"集群设计"先例。其后既有上海的"青浦营造"和杭州的"良渚文化村"这类大规模的新城制造；也有银川"贺兰山房"那样属于艺术家"玩"建筑的产物；既有在全球范围邀请设计师参加的具有国际影响力的项目，如南京的"中国国际建筑艺术实践展"和浙江金华的"建筑艺术公园"，也有声势浩大、毫不逊色的本土建筑师参与的项目，如广东东莞的"松山湖新城"和成都的"建川博物馆聚落"等。这些项目的委托方既有政府机构，也有房地产企业。它们普遍具有以下特点：

第一，国内集群设计的绝大多数项目，从规划到城市设计再到建筑设计，均采用委托设计形式。

第二，国内集群设计项目的基地大多在自然环境优越的城市郊区，土地资源较为丰富，土地成本相对较低，基地环境质量的可选择余地大，基地远离城市的同时也远离了城市矛盾。

第三，建筑师受到的限制较小，为集群设计的创作自由度提供了条件。

集群设计的价值和意义在于：

第一，集群设计推动了建筑界学术的交流和发展，将大规模项目化整为零，集思广益，共同探讨城市和建筑的取舍，创造出没有时间积累的智慧结晶。

第二，营销作用和商业价值。参与集群设计的建筑师通常都是设计界的精英，他们不仅富有创意，还有更严谨的工作方式和态度。无论是基于消费者从盲目追求品牌到趋于理性消费的变化，还是基于开发商对商业利润以及品牌价值的追求，他们都相信在高质量的产品身后，必然是品牌效应的高附加值[51]。

作为一种文化现象，集群建筑所带来的社会效应和建筑文化层面上的价值是毋庸置疑的，但正如崔愷在2004年第4期《世界建筑》上发表的"关于'集群设计'"一文中提到的一样，其中也似乎存在一些问题值得注意：比如过于宽松的设计条件会不会使创作流于"形式游戏"，建筑师之间的相互尊重会不会成为相互探讨问题的障碍，如何强调这类活动的学术性和示范性，如何保持它的开放性而不要变成少数"精英"的小圈子。要避免出现这些问题，崔愷认为，"项目的选择最好应有现实性和典型性；设计的讨论应有学术性、多元性、公开性等等。"

集群设计是中国当代实验建筑发展的探索形式之一，是由建筑师的个人实验行为发展到一定阶段的联合，表明实验性建筑已经从游离于主流设计实践和学术意识形态之外，变为主流的一部分。

集群设计给建筑师之间提供了一个交流平台，建筑师通过合作，沟通学术，集中反映建筑师在实践过程中的思考。艺术家也加入到建筑设计过程当中，体现了当下建筑设计实验中建筑与艺术的结合。艺术家不同的视角以及表现形式成为建筑中的元素，让建筑设计更富有人文气息。此外，集体设计是一个"建筑事件"，其产生的影响力和引发的关注程度让其脱离了单纯的建筑设计活动而具有了社会性，但此种形式的"实用性"，即创作完成以后的使用价值和商业上可运作性还需要更多的协调[52]。

竹屋（隈研吾）

长城脚下的公社，北京

　　"长城脚下的公社"（原名亚洲建筑师走廊）是房产开发商张欣和潘石屹夫妇投资、邀请亚洲12位建筑师在北京水关长城脚下设计和建造的一期12栋建筑，包括一个俱乐部和11栋别墅。具体作品包括：日本建筑师隈研吾的《竹屋》、中国台湾建筑师简学义的《飞机场》、中国大陆建筑师安东的《红房子》、韩国建筑师承孝相的《公社俱乐部》、中国香港建筑师严迅奇的《怪院子》、日本建筑师古谷诚章的《森林小屋》、日本建筑师坂茂的《家具屋》、中国大陆建筑师崔愷的《三号别墅》、泰国建筑师堪尼卡的《大通铺》、中国大陆建筑师张永和的《二分宅》、中国香港建筑师张智强的《手提箱》、新加坡建筑师陈家毅的《双兄弟》。投资人的目的是创建一个当代建筑艺术博物馆，收藏当代建筑艺术并为中国的建筑时代留下精品，总体规划师是香港建筑师严迅奇，由艺术家艾未未先生担任景观设计师。在第8届威尼斯建筑双年展上，张欣获"特别个人建筑艺术推动奖"。

　　公社坐落在长城脚下的 8km² 的山谷中，隈研吾的"竹屋"追求"从土地上长出来的感觉"。设计保留了原地的斜坡地形，以竹为外形搭建，呈长条形。依照地形进行了有机的空间转换：一方面丰富了竹屋的内部空间，另一方面也与复杂基地上绵延不断的万里长城形成一个完整的连续体。承孝相的"公社俱乐部"，通过运用木料、不锈钢板和石材等自然的材料建造，以及把建筑体量切分成数个体量以优先考虑虚空间等方式与环境对话。严迅奇的"怪院子"以传统的合院住宅为主体，在概念上维持传统中庭平淡舒适而具私密性的属性，同时又以开放的社交空间的手法引进外界环境。设计的内部功能空间被模糊，强度空间功能的可调整性。白色的墙面、木地板与石材铺面营造了宁静的乡村气氛。坂茂的"家具屋"同样引用了中国传统合院建筑的概念，同时选用自己研发多年的"家具住宅"系统作为营造方式。设计让中庭坐落住宅正中，房间则以基本的方形配置围绕庭院排列。张智强的"手提箱"是对典型住宅的一次怀疑，企图重新思索亲密感、隐私性、自发性与弹性的本质。设计以无限想象及感官愉悦面为原则，提出一件满足最大弹性空间要求的简单设计。陈家毅的"双兄弟"以传统中国绘画中自然物与人造物之间模糊的关系为出发点，以当地的石材作为主要

竹屋（隈研吾）

项目名称: 长城脚下的公社
地点: 北京延庆县八达岭高速路水关长城出口
占地面积: 8km²
策划: 潘石屹、张欣
建筑师: 隈研吾、崔愷、张永和、张智强、承孝相、严迅奇、
　　　　古谷诚章、坂茂、陈家毅、堪尼卡、安东、简学义
图片提供: SOHO 中国

原料, 设计由一个较大的建筑物与一个较小的附件组成
一个 L 形的体量, 围合成一个半封闭的庭院空间, 与环境
形成了良好的互动。崔愷的 3 号地景观北向及东北向, 视
野开阔、层次丰富, 近景是 1 号别墅, 中景有会所, 远景则
是层层叠叠的山脉。因此在建筑的整体布局上, 三号别墅
考虑的是"看"与"被看"的关系。居室部分平行山体布置,
保持山沟的视野畅通, 而架空使山地得以延续。张永和的
二分宅(或称山水间)位于水关长城脚下 11 个别墅中的置
高处, 依山就势, 一分为二拥抱着山谷。建筑师借鉴并采用
"土木"(泥土和木头)作为主要建筑材料的古老概念, 一
个胶合木框架和几面夯土墙构成了基本的轮廓, 其间嵌有
面向庭院景观的落地玻璃。设计一方面保留了基地上原有
的树木, 同时功能上又分离了主(较私密)、客(较公共)空间,
形成半自然半建筑的庭院围合, 将大自然景色尽收宅内。一
条小溪蜿蜒穿过院子, 在门厅的玻璃地面下缓缓流过。由山
坡和房子环抱的院子模糊了建筑和自然之间的界限, 自然
的景色和人造的建筑空间融为一体。

竹屋（隈研吾）

茶室（刘家琨）

金华建筑公园，浙江

金华建筑公园位于义乌江北岸，金华市金东新区"三江六岸滨江绿化带"中的一段。北临高速公路，基地地带狭长，东西长2 200m，均宽80m。基地策划之初是一个公园和陶艺博物馆，在艾未未的策划下，成为一个由多位建筑师参加的一个集群性建筑创作。

金华建筑公园参展建筑师有：艾未未、张永和、刘家琨、王澍、徐甜甜、王兴伟、丁乙、陈淑瑜、克里斯特＆甘藤贝恩建筑事务所（意大利）、赫尔佐格＆德梅隆建筑事务所、森俊子（日本）、帝尔斯·韦泽（德国）、金安和（德国）、费尔南多·罗密欧（墨西哥）、迈克尔·毛赞（美国）、赫纳和布鲁德（瑞士）、塔提阿娜·毕尔堡（墨西哥）、荷兰Fun设计咨询公司和瑞士HHF设计事务所等。

公园内有17栋建筑，以点状分布在狭长的公园地带上。功能上主要有：功用性建筑（问讯处、设备房、公厕）、公园特征建筑（儿童游戏、餐饮、冰淇淋报亭）、展示性建筑（展示厅、博物馆）、数字主题建筑（网吧、多媒体室）、休闲类建筑（书吧、茶室）和综合建筑（张永和的17号作品）。

公园内功能相同的建筑，如四个饮茶和咖啡的空间，因其所处地形、位置的不同而产生了不同的设计结果，设计师用不同的概念阐释相同功用的空间。正如意大利建筑师维托里奥·格里高蒂所说，"对待环境只存在两种重要的态度。第一

种态度的手段是模仿，即对环境的复杂性进行有机模仿和再现，而第二种态度的手段则是对物质环境、形式意义及其内在复杂性进行诠释。"

刘家琨的茶室位于大坝的低地，所以吊脚楼似的一个个独立的茶室轻盈的架空于地面之上，可以在饮茶之时观赏大坝之外的河景。克里斯特＆甘藤贝恩建筑事务所的茶亭用一个形似大树的构筑物提供了一个饮茶聊天的"小广场"空间，如同在中国和古印度传统文化中，树下空间都是传道、授业、集会的场所。费尔南多·罗密欧的茶室跨越在一个天然池塘之上，通过在桥上穿行、停留，参观者寻找自己的停留之所。王澍的咖啡室，取宋代手砚造型，咖啡室空间位于砚池底端，通过砚首、砚尾与砚底的高差，营造不同的视觉效果，是一个"盛装风和水的器物"。同样的比较还可以在其他一些功能相同，形态迥异的建筑物之间进行，说明建筑师不同的思考方式和在设计中对各种综合因素的考虑。

另外，在金华建筑公园的建筑设计中有艺术家和建筑师的合作，如徐甜甜和王兴伟设计的厕所，将厕所化整为零，分解为小空间的组合，在保护内部空间隐私性的同时引入天空及公园的景观。丁乙和陈淑瑜的网吧内布运用到艺术家丁乙的十字原形，来表达中国古典建筑的光影关系（在实际项目中未实施）。这些都是建筑师实验性建筑的表现，也是集群设计的特点之一。

项目名称：金华建筑公园
地点：浙江省金华市金东区的义乌江北岸
策划：艾未未
建筑师：艾未未、王澍、刘家琨、徐甜甜、
张永和、王兴伟、陈淑瑜、克里斯特＆甘
藤贝恩建筑事务所等
摄影：吕恒中等
图片提供：家琨建筑设计事务所等

瓷屋（王澍）

中国国际建筑艺术实践展，江苏

2003 年 8 月，国内首个以建筑实物作为展品的中国国际建筑艺术实践展（CIPEA）在南京拉开帷幕，并于 2005 年 3 月举行了奠基礼。此次实践展由中华人民共和国文化部中国对外艺术展览中心和南京市浦口区人民政府主办，由南京佛手湖建筑艺术发展有限公司、南京珍珠泉旅游度假区管理委员会承办并得到东南大学建筑系和南京大学建筑研究所的鼎力协助。展区位于南京市浦口区老山国家森林公园内的佛手湖景区，风景秀丽。受邀参展的 24 位建筑师用抽签的方式每人得到了展区的一个地块，他们要通过设计不同的建筑与佛手湖环境相融合，来实现彼此间的对话和交流。参展建筑师由矶崎新、刘家琨提名，参展作品为 4 幢公共建筑和 20 幢住宅建筑。24 件方案标志着一个具备相当国际影响和学术价值的建筑群的概念基本形成。部分项目已建成，部分项目在建中。矶崎新事务所设计的国际会议中心根据地形特征布置在自然环抱的山谷之中，通过将拥有大会议室和拥有中会议室及办公室的两栋细长条的主体建筑与山谷轴线正交布置，确保了建筑内部向山谷轴线方向的视线畅通。两栋主体建筑在端部通过屋顶标高在半地下层的中间设施连接，该中间设施内部设有多功能厅，屋顶则作为露天平台使用。建筑整体由一面低曲率的弧形墙围起。两栋主体建筑之间设置了中庭，并配置了大面积的水池

以提高景观效应。建筑周围和上方均可通过步道连接，即可加强和周围建筑的往来联系，又为屋顶展陈的开展以及休闲散步提供了可能。

由斯蒂文·霍尔和李虎设计的南京建筑艺术博物馆（现改名为四方美术馆）位于国际建筑艺术实践展入口处，设计以特殊的视角，从与西方绘画焦点透视不同的中国山水画的平行透视中汲取灵感，试图为人们提供一个"游观"山水的空间。空间的造型延续了霍尔常用的旋转与曲线相结合的手法，为建筑外形增加了动感。空间的顶端是一个悬挑的结构体，如一个开放外界的洞口，引入开阔的视野，强化了景深的效果。黑白对比的基调带来了水墨画般的视觉效果，同时也表现出了谦虚的姿态，为其中将要进入的各种色调的展品充当背景。原来就生长在基地上的竹子和从南京市区老胡同破败的院子里回收来的砖被运用到这个现代建筑中，被理解为对六朝古都南京的致敬。正如霍尔所言：我希望我的设计能够体现的东西，那就是它既承载了过去的历史，同时也连接着未来。就是要把未来域扎根在历史土壤中的东西结合起来，建筑才有生命力。

家琨建筑设计事务所的接待中心是展区规模最大的建筑，建筑师采取"一分为二，化整为零"的策略弱化体量，与整个展

"碉堡"（张雷）

区建筑的尺度协调一致。"一分为二"是指将接待与餐饮中心的公共部分和客房部分分别作隐蔽和显现两种处理。其中将面积难以细分，因而体量无法细小化的公共部分（如大堂、餐厅等）设置在山洼处，使一半的体量几乎消隐。"化整为零"，是将布置在山脊部分的客房作小体量切分。当足够数量的近似单位组合在一起时，自然就得到聚落形态。针对当下中国的大量资源，利用遍布乡镇的广普性产品，构筑一个当代的、中国的聚落。

张雷的"碉堡"放弃水平方向展开的处理手法，将建筑体量摞了起来，有效控制了建筑基底的开挖范围，少动土方以减轻对自然地貌的影响。500m² 的体量被分解成5个立方体叠为4层，4层建筑体量以贯穿的横向裂缝的分离呈现垂直叠加的操作痕迹，裂缝在每层特定的位置扩大形成景框，通过观察方式的改变重新塑造了周围的景致，是传统中国山水绘画横轴展开的当代立体主义表现。平屋顶则被用来设计为露天平台，这里露台的功能类似传统民居的院子，只是这次院子被放在了屋顶，四周围合的绿树好似围墙，露台上布置了水池，躺在水池里，视线正好能穿越树梢看到远处的老山山脉，感受更远的南京城。露台是四号住宅的中心，是建筑、自然与人相互融合的场所[53]。

项目名称: 中国国际建筑艺术实践展
地点: 江苏省南京市浦口区老山国家森林公园内佛手湖景区
策划: 矶崎新、刘家琨
建筑师: 矶崎新、张雷、王澍、刘家琨、斯蒂文·霍尔等
摄影: 舒赫等
图片提供: 斯蒂文·霍尔建筑事务所、张雷联合建筑事务所、
　　　　　天津华汇工程建筑设计有限公司

"碉堡"（张雷）

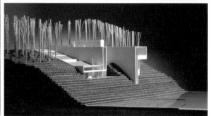

安仁建川博物馆聚落，四川

占地 500 亩（≈0.33km²）的安仁建川博物馆聚落工程位于富于旅游资源的四川大邑县安仁古镇南侧，是由地产商樊建川投资的 3000 亩（≈2km²）旅游城镇新区开发项目中的启动工程。项目的基本经济策划意图是以古镇原有的旅游资源和新增添的博物馆内容作为依托，使聚落成为一个博物、商业活跃的核心社区，带动周边城镇新区的发展。设计有 25 座分门别类的小馆，分成"抗战"和"文革"等系列。规划沿用古镇街巷尺度和密度，试图使新区成为古镇肌理的延续。为避免单一的功能分区使聚落散失活力，将"抗日战争"、"文革艺术品"和"民俗"三个主题的博物馆拆解为 20 余个分馆，分别混杂于 500 亩聚落的各组街坊之中。期望在严格的规划条例控制下取得多样性和展览性集合历史文物和当代事件的吸引力诱导人流游走参观，从而激发沿线的商机，以商业的成功支撑博物馆的建设、生存和延续。[54]

建川博物馆聚落虽然系集群建筑形式，但与此前名噪一时的长城脚下的公社、贺兰山房等项目却有着极大不同，前者更强调展现建筑师在空间和艺术的创造力想像力，而建川博物馆意在打造包括商业与人居在内的城市概念，试图将城市功能浓缩在这一微小的模型中，让建筑师们在一块空地上"造城"。

这块 500 亩的土地既可界定为中国几代建筑师济济一堂的"合力之作"，同样也可以视作是中国建筑界的一个缩影，一些业内人士甚至称，该项目的成败可以视为对中国建筑界"造城"能力的考验，是一场针对规划方和建筑师的双重考验。

建川博物馆聚落从整体规划到单体建筑的主要设计都出自国内外建筑大师的手笔：整体规划设计是由张永和与刘家琨联手打造，负责设计各片区的建筑师则包括矶崎新、邢同和、王路、朱晓光等，年龄上跨越三代人；规划设计方此前又提出了"整体大于局部之和"的理念，并将该聚落等同于一座城市，建筑师被要求设计出各种不同风格的主题博物馆，而这些博物馆又要彼此达成最大的和谐与统一。在张永和与刘家琨操刀的建川博物馆聚落规划设计中可以清晰地看到，规划中的 25 个博物馆片区中除了抗战俘虏文物馆外，其他建筑师都被要求不仅设计博物馆，还得设计博物馆周边一定数量的商业设施，如商场、旅馆等。每位建筑师的设计用地称为"片"，每片用地都由若干地块组成。同时，规划中还设计了 3 条路径，分别将 8 个抗战博物馆和 8 个民间博物馆等各自独立地串连起来，并且 3 条路径各自对应着一种视觉特征鲜明的空间形态："抗战线"被要求建在二层的连续公共步行道上，"民间线"则是两侧有骑楼或柱廊的步行街，壮士广场、记忆广场则穿插于这 3 条设定路线之间。

然而就目前已完工的几座博物馆来看，规划中的路径尚未形成，散落在各处的博物馆给人以零落感。从建筑师提交的方案来看，不乏个人特色鲜明的作品，但建筑设计的出发点将所分得的片区作为独立的地块处理，而忽略了与相关博物馆的关联，导致目前已落成的几座博物馆不可能形成规划初期设计的串联路径。

"文革"镜鉴馆 (李兴钢)

项目名称: 安仁建川博物馆聚落

地点: 四川省大邑县

策划: 樊建川

规划: 刘家琨、张永和

建筑师: 程泰宁、邢同和、李兴钢、刘家琨、
张雷、周恺等

图片提供: 李兴钢工作室、家琨建筑工作室

"文革"镜鉴馆 (李兴钢)

"文革"镜鉴馆 (李兴钢)

1	2	1–2 "文革"镜鉴馆（李兴钢）
3	4	5 3–5 文革之钟博物馆（刘家琨）

J 地块会所（张雷）

西溪艺术集合村，浙江

西溪国家湿地公园位于杭州市西部，以其丰富的生态资源、质朴的自然景观和深厚的文化积淀在历史上与西湖、西泠齐名，并称杭州"三西"。西溪国家湿地公园是目前国内唯一一个集城市湿地、农耕湿地、文化湿地于一体的湿地公园。为了重拾西溪人文记忆，打造杭州不可或缺的当代艺术与创意基地，邀请了12位中国建筑师李晓东、刘晓都、刘家琨、柳亦春、齐欣、王路、王维仁、王昀、吴钢、徐甜甜、张雷、朱锫设计西溪艺术集合村。作品包括水墨西溪、消失的建筑、溪居林院、树影梦叠、再动框景、叶源、无尽的花园、断桥残雪、荷叶田田、土楼等，部分建筑现已建成。

由王路主持设计的西溪湿地艺术家村 I 地块由五组院落组成，其设计表达了他对建筑与水以及建筑与历史关系的思考。正如他所言："溪居林院"是传统院落空间的当代演绎，其原型是杭州典型的墙门大宅和古典园林郭庄。单体建筑借鉴郭庄内"雪香分春"院的尺度，结合当代的使用功能，并考虑不同业态灵活使用的可能性。外观简洁整一的每个院落中，吸取传统园林和宅院的空间意匠和景观处理，利用独特的洞口塑造强化建筑和基地特有景观的相互因借。

王昀的杭州西溪湿地艺术村 H 地块设计是一系列散落在狭长基地上的形状各异的白色建筑体，蕴含着他对江南地区地域性的理解。他希望 H 地块的设计能成为一幅自然山水画中的留白。基地中的建筑以其白色的形体和多变的天际线，融入周围环境之中。这些消失的形体退居幕后，将原本的植被推到幕前，场地固有的地貌特征也由此得到了应有的尊重。通过这种单纯的形式，西溪湿地的建筑也继承了江南水乡的白墙黑瓦，形成了对于大环境之中建筑传统形式的抽象表达。

王维仁杭州西溪湿地艺术村 N 地块的设计起始于"织理山水"。有着地质学背景的王维仁一贯强调对场地环境与肌理的梳理和研究。N 地块的一个显著特点即是周边环绕的水景，在王维仁的设计中，可以看出对建筑和水景关系的思考。这个向着各个不同方向伸出犹如镜头般的窗口的建筑，让人清楚地感觉到设计师试图将建筑与场地景观交汇出丰富互动的意图。设计希望透过一系列不同的"观景器建筑"的位置，高低，空间形式与质地的安排组合，以及被观的风景对象状态的差异，启发观者对山水景观的不同情境的诠释[55]。

齐欣的西溪会馆以"树影梦叠"为主题，将建筑类型定义成最简单的矩形平面：面宽 = 进深 =12m，两坡顶，自由组合。为了跟简单较劲，甚至还锁定了"一个基本平面 + 一个基本立面"的目标。当 12m×12m 的单元平面相互纠缠到炽热状态时，咬合的部位生出天井，它同时承担着采光与通风的使命，从而解放了外墙开窗的义务，或只是在想开的地方开窗。建筑立面具有反射性能材质的运用，将天空、树木、水面乃至可恶的游人纳入本体，打碎、重组，然后再将升级版的客体影像释放出来，回归自然[56]。

张雷的西溪湿地三期工程艺术集合村 J 块地会所设计灵感来自西湖十景之一的"断桥残雪"。设计由五组单元构成，每组800m² 大小的单元由一个大 Y 形和两个小 Y 形体量组合而成，小 Y 形的尺度恰好为大 Y 形长、宽、高各缩小一半。大 Y 形采用白色水泥和乳白色阳光板表面，削弱建筑的体量感。大小 Y 形采用 "1+2" 的组合模式沿周围灵活布置，与湿地景观互动，同时大 Y 形贯通的内部通过连续的自由曲面进行空间与功能合一的动态划分，改变了传统室内空间的限定与分割操作方式[57]。

J地块会所（张雷）

项目名称: 西溪艺术集合村

地点: 浙江省杭州市

策划: 黄石

建筑师: 张雷、王路、王维仁、王昀、李晓东、齐欣等

摄影: 胡文杰等

图片提供: 张雷联合建筑事务所、齐欣建筑、方体空间

J地块会所（张雷）

J地块会所（张雷）

1 | 3 | 1-2 I 地块（王路）
2 | 45 | 3-5 N 地块（王维仁）

九间堂，上海

　　"九间堂"是一个以现代中式园林大宅为建筑特色的别墅区，位于上海浦东世纪公园东侧，南临张家浜河，北倚锦绣路，西靠芳甸路，由一期22幢独栋别墅及二期27幢独栋别墅组成，每幢单位面积为600多 m² 至 1 200 多 m²，还包括了一座面积达 2 000㎡ 的大型会所。项目聚集了来自中国（包括香港、台湾）及日本的建筑师，包括日本建筑师矶崎新、香港建筑师严迅奇以及俞挺、丁明渊、袁烽等等。

　　"九间堂"以提炼中式建筑符号作为母题，采用全院式空间布局，以白墙灰屋顶为主色调，在承接传统民居文化的核心要素的同时，充分运用现代手法，将传统生活"庭院深深深几许"的诗学意境与现代生活方式有机的结合起来。同时，设计还对具有象征意义和实用功能的传统建筑细节进行了灵活的演变和继承：钢骨结构和混凝土框架结构对木结构的更新；大面积的玻璃幕墙对木排门、木连门和折叠屏风的替换；对马头墙、山墙、垂花门、游廊、瓦当等具有象征意义和实用功能的传统建筑细节的演绎等等。在建筑布局上，设计还通过分析现代家庭的对外关系以及梳理空间与人的关系来为空间的设置提供依据。

　　俞挺设计的"宅院"位于基地北侧，编号为C1-C6的六种户型，共11栋别墅。而C1型别墅曾获得中国建筑学会"1949~2009建筑创作大奖"。设计以一个简单的L形作为纯粹结构被突出，

按建筑师的话说，C1的设计是在一个严格规定的框架内享受形式操作的自由，设计师克服对材料和手法的炫技性表达的欲望，透过隐含的形式主义趣味以及象征主义的表达，力求产生一种深刻的精神影响力。设计摒弃了传统的材料和做法，将古典园林中视觉要素抽象成最简单的美学印象，以完全现代的建造方法和细部处理，表达了生活的内涵。

　　矶崎新设计的九间堂别墅延续了20世纪70年代开始他在建筑上应用的"零度还原"的概念，赋予基本圆形和方形高度，并将形成的立方体和球体等拆分组合，功能分别为会所、办公和画室。他设计的圆形别墅——立方体和半圆穹顶的组合、十字形别墅——室内中庭和立方体天窗、方形别墅——园内套园的四合院的演变沿水而立，几何形围墙外完整的庭院和水中的建筑倒影，将江南水乡的神韵和巴拉迪奥（Palladio）的别墅风格完美地结合在了一起。设计完全摈弃了采用传统建筑符号和形式，而以现代的建筑材料及营造标示着我们所处的时代[58]。

　　考虑建筑的功能需求，2011年建筑师俞挺对之进行了改扩建：在会馆里增建一个昆曲舞台；办公改建成一个国学院；画室扩建成私人画廊和新画室。建筑师在改建过程中，增加了原来九间堂三组建筑的公共空间，并更加关注场地、材料、空间节点等建筑要素处理。

项目名称：九间堂

地点：上海浦东新区

策划：上海证大三角洲置业有限公司

建筑师：严迅奇、矶崎新、丁明渊、俞挺、袁烽等

建筑改造：俞挺、濮圣睿

摄影：苏圣亮、李斌、陈尧、濮圣睿、胡文杰

二、主题各异的建筑展览

建筑展览既展示了建筑的历史与现状，也反映了城市和建筑发展的可能性，因此具有特殊的意义。倘若讨论 21 世纪的建筑展览，不妨从 1999 年的"中国青年建筑师实验作品展"谈起，此展拉开了中国实验建筑展的序幕。这次建筑展曾因种种原因从中国美术馆撤展，后在北京 UIA 国际建筑师大会国际会议中心展出。展览由王明贤主持，张永和、赵冰、王澍、刘家琨、汤桦、董豫赣等建筑师参展，他们的作品体现了中国当代建筑设计的状况和新的学术动向，2000 年以来的中国当代建筑展览大都能看到以上建筑师的身影。

进入 21 世纪以后，中国建筑界和艺术界举办了不少有关展览：2001 年，首届梁思成建筑设计双年展——梁思成纪念馆构思方案在中国美术馆展出；"变更通知——中国房子五人建造文献展"在上海顶层画廊展出；"土木——中国新建筑展"在德国柏林侬德斯美术馆展出。此后，又有不少由政府或美术馆主办的大型建筑展览（或以城市建筑为主题的当代艺术展），如成都十字路口：城市公共环境艺术方案展、上海双年展"都市营造"、中国国际建筑艺术双年展、广州三年展"别样：一个特殊的现代化实验空间"、深港城市 \ 建筑双年展以及成都双年展"物我之境：国际建筑展"等。2006 年，中国首次以中国国家馆的名义参加威尼斯建筑双年展，从此，这个重要的国际建筑展有了中国馆。这些展览，展现了当代中国实验性建筑师的新作，对"建构"问题、中国的城市化问题、建筑和城市的互动关系问题以及中国传统建筑向当代建筑语言转化等问题都有所反思，并将当代艺术、人文科学、建筑学思考融为一体，着重解决"当时当地"的问题，以批判的地域主义视角进行建筑探索。

在批评家史建看来："近十年来，城市一直是国内大型艺术展览的主题，除了专业的'深圳城市 / 建筑双年展'（已有的两届主题分别为'城市，开门'和'城市再生'），'上海双年展'（如 2002 年的主题为'都市营造'，2004 年为'影像生存'，2008 年为'快城快客'）和'广州三年展'（如 2004 年的主题为'别样：一个特殊的现代化实验空间'，及其'三角洲工作室'计划），众多艺术群展与个展，更是持续关注超速城市化现象，并由此引发了当代艺术对超速城市化问题的超强介入和表达。中国都市空间与建筑现实的演化都不是按照国际已有的模式发生和发展的，它绝对有自己的'一定之规'（自生的都市性），在发现、研究和表达方面，艺术家和策展人往往比建筑、规划和文化批评界更为敏锐、犀利和果敢[59]。"

十字路口：城市公共环境艺术方案展，四川

2002 年 7 月 19 日，"十字路口：城市公共环境艺术方案展"在成都现代艺术馆开幕，策展人为栗宪庭、王明贤和饶小军。之所以将展览主题定为"十字路口"，原因在于中国的城市建设正在快速发展之中，遇到了许多问题，如何发展建设，实施方式应该怎样进行，是举办艺术展的初衷，让专家们充分发表意见，共同讨论，"站在十字路口上的论证、选择"。

展览前言说："本次展览命题为'十字路口'，命题自由理解，表现方式不限"，"参展者不分等级、企业、个人，各抒己见，关注角度或广或微，表现手法或虚或实，各种艺术形式交融并存，相互穿插对话，其特殊的展场布置方式遵循了公共、平等、对话和多元原则，试图表现当代中国城市的现状"。"本次展命题，机构组成、开放程度、展品种类、展场面积、空间高度、布展形式都属国内首次，将会为城市公共艺术问题的思考创造一个全新的维度"[60]。

本次展览采取定向约请和面向社会广泛征集两种方式。社会征集投稿经方案展学术小组审议通过后参展，作品不限内容、不限题材、不限形式、不限材料、不限表现手法，平面及模型均可。作品主题可大可小，可虚可实。参展的 59 件系列作品中有 46 位艺术家、建筑师、规划师、设计家创作的 44 件装置、摄影、雕塑、设计作品，11 件院校、设计院、规划院、画院的设计与摄影作品和 4 个开发商开发小区展位。展场中有对城市建设和公共环境现状批判地提出问题的，也有建设性的规划设计方案，有的展现成果，有的表现过程，可谓百家争鸣，杂陈交融。

10 000m² 的展场被一个用建筑脚手架搭建而成的巨大的十字架划分为几个部分，分别展示设计院、规划院和大专院校的设计作品，艺术家创作的作品和开发商小区宣传。

一批青年建筑师的概念设计在展场中并不那么引人注目，但他们的思考带有深层次的基础建设要求，因为设计模型、图片制作精致，占据空间小，反而在比较中，给展览馆的喧哗、矛盾冲突注入了更多理性的研究，多了几分冷静的深入。余加的《非此即彼》、王家浩的《中等文物——我们是如何现代化的》和韩滔的《多义性城市研究——中等尺度系列》不仅涉及现代规划建筑的基本建构，也涉及当代哲学的话题。刘家琨设计的《无法选择的十字路》，在展场中间放大后成为了控制整个展场的结构主干，为展览馆各种作品陈列创造相互独立又穿插对话的条件。缩小后用一个展板展示在展厅前面，与展览前言并列，又抽象地象征"十字路口"展览主题思想。建筑师把他的作品称为"装置"，实际上却十分鲜明清晰地表现出了建筑语言的力量和基础意义，邱志杰由此随意性地在上面每一人钢架接头上插满狮子图像，试图与这个建筑结构"桥"对话。

这次建筑师和当代艺术家跨界合作的大型环境艺术展，代表一种新的文化态度和审美方式，成为艺术和建筑互鉴融合的一大枢纽。专家们认为：十字路口是不同路线、不同学科专业的交会处，当前城市建设正需要这种全方位立交桥式的综合思维方法。十字路口是矛盾问题的出现处也是矛盾问题解决的可能性发生处。展览反映出中国当代艺术和当代建筑的前沿探索与当前面貌，说明西部不仅仅要求发展经济，更要求文化环境上有较大的发展。

成都

公共环境艺术方案展展场设计说明

于成都国际会展中心。成都现代艺术馆展层 展约13000㎡,层高11米,净高8米,展于中国部 27米,是目前国内空间容积最大的艺术展场,结构 未装修的空间条件,具有艺术家的展品特色。交叉 和展览展,展场设计中以抓了控制主干,及流布局 以道大的中国为中心,以展厅广场为起点,用

上海双年展"都市营造",上海

第四届上海双年展于 2002 年 11 月 22 日在上海开幕。来自中国、德国、美国、墨西哥、荷兰、意大利、日本、英国、法国等 20 个国家和地区的当代艺术和建筑师的作品参加了展览,参展作品有绘画、雕塑、模型、图片、文本、草图、影像、互动式媒体等各种类型。策展人小组有两个主策展人:范迪安(中国)和美国纽约现代博物馆副馆长阿兰娜·黑斯,策展人为伍江(中国)、克斯·贝森卫赫(德国)、长谷川佑子(日本)、李旭(中国)。

本届双年展主题为"都市营造",它由"都市营造"主题展、"都市营造"国际学生展回顾展和"上海百年百座历史建筑图片展"三个部分组成。本届双年展意在对迅速推进的都市化进程,以空前的深度和广度改变着中国面貌的新型城市建筑所导致的原有文化格局和生活形态的急剧变化进行探讨。以建设性的态度审视这一现实,思考乡村与都市、传统与现代、本土与全球、保护与发展、传承与创新等当代全球文化发展的新课题,对中国当代文化的建设有着特别重要的现实意义。主策展人之一范迪安认为"都市化进程是了解中国社会近二十多年巨变的一个敏感窗口。这一具有历史意义的变化过程,正塑造着今日中国的社会生活。其特征不仅表现在不断崛起的新式城市建筑上,更表现在人们的知识接受方式、社会交往方式和道德价值观等方面。在新的生存现实中传统与现代、个体与公共空间、人与自然之间正在形成一种前所未有的新型关系由此所产生的环境、文化和社会问题也逐渐凸显出来建筑和当代艺术各种形式之间所形成的互动、互渗关系,催生着一种全新的'整体艺术概念'。"

中国有王澍、刘家琨、马清运、董豫赣等带有实验性建筑倾向的建筑师参加。他们的参展作品让人们思考实验建筑的定义。质疑了以国外某种现代作品作为"现代建筑"参照系。

对都市化的反思也体现在建筑师的方案中。像马清运和卜冰的《虹口北外滩城市设计》、香港建筑师张智强的《西九龙文化区发展战略研究》提出了城市文化发展和城市设计的意见。

陈志华、楼庆西、李秋香三人组成的乡土建筑小组用人类学田野调查的方法,通过长期调研描绘出中国大地上的乡土建筑遗存,提醒人们在都市化进程中对乡土建筑的保护。南京大学建筑研究所的《木建构文化研究》也具有同样的学术价值。

而外国建筑师在展览上展出的作品更侧重在艺术元素之间的可转化性,与中国建筑师的侧重点不同,中国建筑师更关心的是建造、建构以及城市研究的问题。

总的说来,上海双年展是一个好的开端,展览多方位地呈现了当代艺术与建筑的最新成果和探索,创造出崭新的艺术空间,并激发观众的进一步思考。当代艺术和建筑的不同样式与文化价值,在并置和交流中产生互动、互渗的效应和魅力,进而使观众因为关注现实生活和生存现实而关注艺术,同时,也因关注艺术而得以反观和思考今日的都市文化和城市建设。这种建筑与当代艺术在当代都市文化背景中的互动。但由于中国建筑师参加国际艺术展的经验较少,在展览设计方面还存在一些遗憾。有的建筑师只是将模型或图片往展厅一放,缺乏在美术馆特定的交流方式。此后,随着中国在建筑领域的发展,有更多对于实验性建筑的研究和实践、学术交流,在中国范围内举行的各种类型的建筑、艺术双年展越来越多,建筑展览也会更充分传达出视觉的力量。

深港城市 \ 建筑双年展，深圳·香港

2005 年 12 月 10 日下午，首届深圳城市 \ 建筑双年展开幕。深圳双年展是一个以城市或城市化为长期固定主题的国际艺术展会，现由深圳市人民政府主办，深圳市规划和国土资源委员会、深圳市文体旅游、深圳大学、深圳报业集团、深圳广播电影电视集团共同承办。首届双年展的主题是"城市，开门"，策展人是建筑师张永和。"'开放'其实是一个立体的概念，不仅仅是经济上的开放，更是思想和文化上的开放。深圳用 25 年的时间从边陲小镇成长为一个竞争力排名全国第三的城市，是世界城市发展史上的奇迹，以深圳为代表的中国快速城市化进程已经引起了全球的关注，双年展正是试图聚焦中国这种独特的城市化现象。"

在双年展上展出的 82 件作品主要涉及城镇规划、建筑设计、城市研究、室内设计、纪录片、服装设计、杂志等城市生活衣食住行的方方面面，是中国城市化进程的缩影，90% 的作品都和中国有关。参展者包括建筑师矶崎新、崔恺，视觉艺术家汪建伟、艾未未，摄影师 Aglaia Konrad（比利时）、电影导演贾樟柯等。深圳本地艺术家的作品占到 20% 左右。展览作品有：浙江金华建筑艺术公园，崔恺的北京德胜尚城，矶崎新深圳文化中心，王军、梁思聪、何慧珊城记——北京；研究，Rem Koolhaas/OMA（荷兰）共产主义研究，汪建伟的手机现场互动，贾樟柯的公共场所，Aglaia Konrad（比利时）摄影深圳鸟瞰，王一扬服装设计"茶缸"，孟京辉的"晚会"。

该双年展从第二届开始就有了香港的加入，所以更名为"深港城市 \ 建筑双年展"（Shenzhen&Hong Kong Bi-city Biennale of Urbanism\Architecture），是首个香港和内地跨境合作的大型建筑双年展。本届双年展 2007 年 12 月 8 日开幕，

策展人马清运，以"城市再生"为主题，审视建筑、设计和规划如何影响一个城市肌理（脉络）的建构与再生。双年展共有 156 位参展人参加，其中包括深圳本地、内地其他城市，香港、台湾及海外的建筑师、艺术家。双年展上探讨和交流城市建筑过期、老化、更新等问题。参展作品中，用细绳子吊在空中的旧瓦片、改头换面的厂房、砖头做成的汽车……普通的物品经过创意的点亮看起来充满了新意。深圳展区设在南山华侨城创意园，"华侨城公共自行车"是双年展最大的参展作品，将由深圳悦行者团队创作。近万名参与人员以 8.5km² 的华侨城作为展示面积，共同完成该项目。香港展区设在中环旧中区警署及原维多利亚监狱，将监狱改成展馆，这也是本届双年展的一大特色。

2009 年深港城市 \ 建筑双年展于 2009 年 12 月 6 日开幕，展览主题为"城市动员"，策展人欧宁。2011 年深港城市 \ 建筑双年展于 2011 年 12 月 8 日开幕，展览主题为"城市创造"，策展人为泰伦斯·瑞莱（美国）。

深港双年展注重学术探讨，在国际建筑界有一定知名度。在中外很多城市创办艺术、建筑双年展时，深港双城双年展是唯一一坚持城市或城市化作为固定主题的展览，并将展场作为一种城市干预策略，呼应快速城市化所带来的无所不在的变化。双年展的展场选择，策展人从一开始就有意识地表现出对城市特定地区（如空置的厂房、仪式性广场）的介入、再利用、以及重新定义。双年展还注重探索展览与城市互动机制，研究各种伴随城市化和社会转型所产生的城市活动和过程，搭建一个以城市与建筑为主题，同时超越建筑本身的艺术平台，其专业水准保证了展览的国际性与前沿性。

第五届成都双年展，四川

第五届成都双年展于 2011 年 9 月在成都举办，总策展吕澎，艺术展策展人吕澎、设计展策展人欧宁、建筑展策展人支文军。展览的学术主题定为"物色·绵延"，设有"溪山清远：当代艺术展"、"谋断有道：国际设计展"、"物我之境：国际建筑展"三大主题展以及其他版块，在绘画、雕塑、装置、影像、家居设计、建筑设计、时装设计等当代艺术领域进行全面展览，旨在通过本届展览推动中国当代艺术的文化发展，同时对相关城市文化的建设与发展进行学术研究与文献总结，为成都双年展未来的运作模式奠定坚实的展览基础、学术基础与品牌基础。在前四届双年展积累的传统优势上，本届的成都双年展寻求自我突破与国际接轨，首次引入设计展与建筑展，并专门增设了特别邀请展，向全世界的艺术机构、艺术家发出邀请。希望吸引更多艺术精英汇聚成都，由此带来更丰富的展览主题和思想。

作为三大主题之一，"物我之境：国际建筑展"是一次以中国诗学、哲学与美学理念为题的建筑展，在成都工业文明博物馆同期展出。策展人支文军对国际建筑展的策划作这样解释：此次国际建筑展，恰逢成都确立建设"世界现代田园城市"的战略目标的契机，我们希望搭建一个综合的平台，围绕"物我之境：田园／城市／建筑"的主题，从实践、文献、策划、调研等多方面入手，聚拢国内外的学术权威、著名建筑师、新锐实践体、各大建筑院校，探讨如何从"田园"中寻求城市发展机遇和品质，如何建立人与田园、人与城市、人与建筑的关系。落实到成都现实，即探究什么是成都的现代"田园／城市／建筑"，如何诠释属于成都的现代的人与环境关系等。

建筑展由四大部分组成，第一大板块是文献展，主要是对世界田园城市理论的历史背景、各阶段理论发展内涵及应用实践发展脉络进行整理、解读和大众化呈现，向公众普及、推广田园城市理念；第二个板块是作品展，汇聚国内外著名建筑设计师的优秀建筑设计作品，其中，国内建筑师参展作品将占总展品 3/5；第三个板块是国际院校展，主要面向世界各地院校征集优秀建筑作品；第四个板块是成都市民最关注的成都田园文化创意建筑成果展，主要展出成都典型的优秀田园文化创意集群建筑实例。来自 14 个国家和地区的 63 组参展建筑师（机构）提供的 67 件参展作品，展现了国内外建筑界在城市发展中的实践与经验。

这是成都有史以来规模最大的当代艺术盛会，全面展现了艺术与建筑新生态的力量。本届双年展的主题定为"物色·绵延"，策展人意在向人们表明：田园城市是可见的空间变化，绵延正是对这一空间起着根本性作用的文化、艺术等空间的不可见层面的提示。刘勰在《文心雕龙·物色》篇中提出"随物婉转"、"与心徘徊"，就是物质与精神的相互补充与配合。绵延作为真正的时间，柏格森认为唯有在不断积累的记忆中方有可能存在，其要义在于不断地流动和变化。"物色"借中国词汇，与建筑展的"物我之境"以及设计展的"谋断有道"相契合；"绵延"在现代艺术理论中占有重要地位，在此与艺术展之"溪山清远"的古今之思想暗合。同时，"物色"与"绵延"中西合并、古今相交，作为双年展学术主题，构成了对成都打造"现代田园城市"的注解与呼应。

朱锫作品《意园》（2020 年）

威尼斯建筑双年展中国馆，意大利

威尼斯双年展与德国的卡塞尔文献展、巴西圣保罗双年展并称世界三大艺术展，而在三大展览中，它的历史最长，被称为艺术界的奥林匹克。自 20 世纪 70 年代以来，威尼斯双年展特别关注世界建筑艺术的发展，设立了国际建筑展，与艺术双年展隔年举办。2006 年，中国首次以国家馆的名义参加第 10 届威尼斯双年展国际建筑展，至 2012 年为止已举办四届。

第 10 届威尼斯建筑双年展中国馆由范迪安、王明贤、蔡国强组成执行小组。范迪安任中国馆总策展人，王明贤任中国馆策展人。策展团队基于对当代城市和建筑的现状及其演变方向的人文思考和学术判断，最终选择了建筑师王澍和艺术家许江以建筑与艺术的当代对话为形式参展，以"超越城市"这一主题回应总策展人理查德·巴尔克特（Richary Burdet）提出的"城市、建筑、社会。"中国馆以《瓦园》这一具体的形式来对主题作出诠释，而《瓦园》所用之瓦都是从浙江大规模拆迁改造时旧房拆除中得来，对瓦的选用，既表现了中国传统建筑的审美元素，又是中国当下城市发展过程的见证，是一种暗喻。和一般建筑展以图版模型展示作品方案的方式不同，《瓦园》利用威尼斯城处女花园的实地环境进行一次现场营造，以体现中国本土建筑师与艺术家面对中国城市现状的一种自在的思想态度和工作方式。

2008 年的第 11 届威尼斯双年展国际建筑展，中国馆由张永和、阿城以及龚彦组成策展团队，邀请刘家琨、李兴钢、刘克成、童明、葛明五位本土建筑师以及摄影师王迪参展。展览以"普通建筑"为主题回应总策展人阿龙·贝特斯齐（Aaron Betsky）的"那儿，超越房屋的建筑"，具体由"应对"和"日常生长"两个分主题构成。与国际建筑双年展主席阿龙·贝特斯齐（Aaron

Betsky）所解释的，本届建筑双年展注重的是摆脱对建筑的单纯审美追求，面对社会问题，从建筑的角度寻找并思考建筑的意义与价值并探寻建筑的表现和实验方式相呼应，中国馆所关注的是中国的建筑师在全球化环境下处理日常空间问题所展现的杰出能力与中国智慧。

2010 年的第 12 届威尼斯双年展国际建筑展，中国馆策展人唐克扬以"来此与中国约会"，创造了一个广场式的开放空间，来回应日本女建筑师妹岛和世的"人们相逢于建筑"的主题，参展艺术家有建筑师朱锫、大型活动景观设计师樊跃、王潮歌、景观建筑师朱育帆、艺术家王卫、徐累等。作品形式包括建筑雕塑、装置、影像及综合媒体。他们用各自的建筑话语把立体的空间装置和平面的文献展览内容巧妙的结合了起来，对"公共空间"在中国当代的发展历程进行了艺术的阐释，不仅切合了双年展的主题，而且具有独特的可视性和提供观众进入体验的可能。

2012 年的第 13 届威尼斯双年展国际建筑展，中国馆策展人方振宁以"原初"作为主题，来回应总策展人戴维·齐普菲尔德（David Chipperfield）的"共同点"，试图寻求记忆和物质的起源以及世界初始的思维图像。建筑师王昀的"方庭"、邵韦平的"序列"、魏春雨的"异化"、女艺术家陶娜的"天阙"以及空间设计师许东亮的互动灯光装置"光塔"等五件作品共同回应了中国建筑师对基础问题的思考。

威尼斯建筑双年展是当今世界上最具影响力的建筑展览之一。作为威尼斯双年展这个大的组织机构中的一员，第一届威尼斯国际建筑双年展正式的展览至今虽然只有三十余年的历史，但由于艺术双年展强大的背景支持以及其对自身先锋姿态的不断塑造，如今她俨然是世界各种同类型建筑展的模板与标杆，它在体现当代建筑最前沿的状态的同时，也预示着当代建筑潮流发展的方向，代表着建筑师对未来价值观的探讨。

费孝通先生曾经说过：人的"当前"是整个靠记忆所保留下来的"过去"的积累。如果记忆消失了、遗忘了，我们的时间就可以说阻隔了。而每个人的"当前"，不但包括他个人过去的投影。而且是整个民族"过去"的投影。历史对于个人并不是点缀的饰物，而是实用的、不能或缺的生活基础。20世纪90年代以来，中国当代艺术有个特点，就是将文化记忆作为一种叙事资源来加以利用。这种记忆有两个方面，一是中国五千年的传统文化，以及1919年五四运动所标志的中国现代史的开始，到1949年新中国的建立，直至1966年的"文化大革命"。这种回顾与记忆不只是消极的乡愁姿态，更是向历史纵深叩问过去，并由此勘探未来的可能与不可能。另一个是逐渐丧失文化记忆的都市形象。20世纪90年代后直至当下，中国的城市化进入重建热潮，像苏州这样的文化古城都面临现代化的问题。诚然，随着大规模城市化的急速发展，传统与现代的撞击再度成为艺术界、文化界的一个重要话题。不仅仅在当代艺术领域，传统与现代的关系问题也成为建筑界的重要议题。作为世界了解当代中国建筑师探讨当下中国建筑问题的一个窗口，我们可以从历届威尼斯建筑双年展中国馆的展览中看到中国的艺术家和建筑师对这些问题的关注、探讨和实验。

王澍作品《瓦园》（2006年）

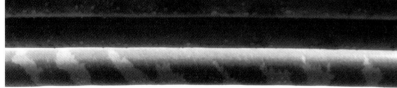

注释 NOTE

49 参见蔡瑜, 中国当代建筑集群设计现象研究 [D], 同济大学 2006 年硕士论文.

50 崔愷. 关于"集群设计" [J]. 世界建筑, 2004, 4.

51 蔡瑜, 支文军. 中国当代建筑集群设计现象研究 [J]. 时代建筑, 2006, 1.

52 吴江雄. "集群建筑"现象研究 [D], 浙江大学硕士研究生论文.

53 张雷. 对立统一——中国国际建筑艺术实践展四号住宅设计 [J]. 建筑学报, 2012, 11.

54 刘家琨. 安仁建川博物馆聚落设计 [J]. 时代建筑, 2006, 1.

55 本书编委会. 室内设计师 [M]. 北京: 中国建筑工业出版社, 2011.

56 徐丹, 王斌, 张亚娟, 刘阳, 齐欣. 西溪会馆 [J]. 住区, 2011, 2.

57 张雷联合建筑事务所. 西溪湿地三期工程艺术集合村 J 地块会所, 杭州, 中国 [J]. 世界建筑, 2011, 4.

58 矶崎新. 上海九间堂别墅之一 [J]. 世界建筑, 2004, 7.

59 史建. 城市表达 (1998-2008) [N]. 周末画报·城市, 2008, 12, 6.

60 张颖川. 走在"十字路口"上——城市公共环境艺术方案展备忘录 [OL]. 世艺网, 2010, 4, 2.

第六章
旧建筑改造、旧城更新以及灾后重建

一、旧建筑改造和旧城更新

旧建筑改造及旧城更新运动，是在战后城市恢复和新兴城市飞速发展的带动下兴起的，在我国，1949年至今，旧建筑改造和旧城更新从来就没有停止过。2000年以来，旧城更新更是我国城市建设的一个重要方向。与过去十分不同的是，旧建筑改造和旧城更新，面临着如何在尊重历史的前提下，做到有机的更新，审视这些建筑和城区，发现它们的价值，使之成为可以满足现代生活的场所。例如城市中的旧工业建筑，是城市工业文明发展的见证，随着现代化的进程以及城市的扩张，逐渐失去了它自身的作用，甚至成为城市发展的阻碍。对于旧建筑功能的重新定义和改造，省去了拆迁重建的种种耗费，有利于环保，同时也满足了人们的怀旧心理。

旧城更新、建筑再生并被赋予了新的功能，在城市中扮演它崭新的角色，是政府、社科界、规划界和建筑界长期关注的问题，北京旧城更新更是为世人所瞩目。过去几十年来，北京中心城区的面貌发生了很大的变化，老北京城规划之初由无数四合院围合形成的以胡同为单位的网格轮廓渐渐被改变。近年来，人们逐渐意识到胡同是北京文化风貌的一个重要的代表方面，但以胡同、四合院为基本元素的老城区格局已经被破坏得面目皆非。如何采取"修缮、改善、疏散"相结合的方法，改造危险房屋，并对文物保护区内重要街巷、重点四合院落、重点景区周边进行修缮、整治，在保护了历史遗存的同时，也改善居民的居住条件，是当下亟需解决的难题。对于胡同改造，另一种模式是开发成文化旅游景点，如与菊儿胡同纵向交叉的南锣鼓巷。南锣鼓巷南北向长七百多米，巷内东西分布有包括菊儿胡同在内的八条胡同。在规划上相互交叉连接被称为蜈蚣坊，较完整的体现着元大都里坊的历史遗存。在2005年，南锣鼓巷得到了全面的翻修，对房屋采取拆除、翻修、立面装饰、保持原样等四种思路。改造后，大部分临街房屋从民居变成了咖啡馆、餐馆、食品铺、商店等，逐渐地南锣鼓巷内部建筑空间由提供居住转变为商业空间。全国各地也有不少旧城更新的工程，其结果还有待检验。

产业类历史建筑及地段保护性改造再利用（Adaptive reuse）已经成为国际建筑界所关注、特别是我国城市发展建设中迫切需要解决的重要科学问题。城市化进程加快和城市产业更新的加速，使城市中传统的制造行业比重下降，大量的城市旧区地段面临更新改造，而其中产业用地往往是更新改造的主要对象。近年我国学者在该领域已经陆续发表了一些研究论著，如"城市产业类历史建筑及地段的改造再利用"（王建国，戎俊强，2001），Conservation and Adaptive-reuse of Historic Industrial Heritage in China(Jianguo Wang, 2005)。《东方的塞纳左岸——苏州河沿岸的艺术仓库》（韩妤齐，张松，2004），"上海近代优秀产业建筑保护价值分析"（张辉，钱锋，2000），"旧建筑，新生命——建筑再利用思与行"（鲍家声，龚蓉芬，1999）等。中国城市设计专家、东南大学建筑学院院长王建国教授对后工业时代产业建筑遗产保护更新问题开展抢救性的专题调研，做出有针对性的研究总结，提出改造设计手法，取得一系列重要成果。国内相关实践个案近年也有所启动并取得一定成效，如王建国等完成的唐山焦化厂、上海世博会规划设计中江南造船厂地段等产业建筑和地段保护再利用研究；俞孔坚等完成的广东中山岐江船厂改造；常青等完成的数项涉及工业遗产的保护实验个案；鲍家声等完成的原南京工艺铝制品厂多层厂房改造；崔恺等完成的北京外研社二期厂房改造；张永和等完成的北京远洋艺术中心，以及798工厂改造等案例。唐山利用煤矿塌陷区改造利用而成的"南湖公园"获得联合国迪拜人居环境奖，登昆艳完成的上海苏州河畔旧仓库改造获得了亚洲遗产保护奖[61]。当然，对于这样一个如此复杂的命题，"仅仅依靠建筑学和城市规划专业的研究是远远不够的。政治因素、社会因素、经济因素和运作的实施可行性，包括对于先前场地的环境整治、合适项目的选择、政府部门的远见、社会各界的关注和公众参与、投入和产出的综合平衡等在产业建筑和地段的适应性再利用中往往起到非常关键的作用。"

798 艺术区及 751D·park
北京时尚设计广场，北京

798 艺术区所在的地方，是前民主德国援助建设的"北京华北无线电联合器材厂"，即 718 联合厂。718 联合厂是国家"一五"期间 156 个重点项目之一，是社会主义阵营对中国的援建项目之一。718 联合厂于 1952 年开始筹建，1954 年开始土建施工，1957 年 10 月开工生产。718 联合厂是由德国德绍一家建筑机构负责建筑设计、施工，这家建筑机构和当年的包豪斯学校在同一个城市，注重满足实用要求；发挥新材料和新结构的技术性能和美学性能。1964 年 4 月上级主管单位撤消了 718 联合厂建制，成立了 706 厂、707 厂、718 厂、797 厂、798 厂及 751 厂。2000 年 12 月，原 700 厂、706 厂、707 厂、718 厂、797 厂、798 厂等六家单位整合重组为北京七星华电科技集团有限责任公司。

2000 年，中央美术学院雕塑系隋建国等艺术家为便于进行大型雕塑创作，首先租用了 798 工厂荒废了的闲置车间作为雕塑车间。由于原有厂房的建筑特点，其高大的空间、自然的采光，非常适合于艺术创作、加工，当时租金低廉，地理位置又与中央美术学院邻近，吸引了艺术家租厂房建造自己的艺术工作室。2002 年前后，黄锐等艺术家陆续进驻，创建自己的艺术工作室，推动了艺术区在短时期内的迅速形成。同时也出现了各种与艺术相关的机构、画廊，如罗伯特创办的"八艺时区"现代艺术书店、徐勇创办的时态空间还有二万五千里文化传播中心、东京艺术工程等画廊，至 2003 年逐渐形成了艺术区。由于艺术机构及艺术家最早进驻的区域位于原 798 厂所在地，因此这里被命名为北京 798 艺术区。

艺术家及建筑师在对 798 内旧厂房的改造过程中，大部分保留了建筑原有的结构，尽量只做修缮和改建，不进行拆除和新建，保持了单体建筑以及整个 798 内建筑群外观的一致性与和谐性。在内部空间的处理上，根据不同的功能需求进行重组。在

项目名称:北京 751 及再设计广场改造

地点:北京市大山子 751 厂

主要设计人:王永刚、吴雷、叶楠、刘延霞、
尚连锋、贾志勇、杨宪

设计单位:王永刚工作室

设计时间:2008 年

占地面积:8 000m²

摄影:曹杨等

图片提供:王永刚工作室

798 艺术区

一些建筑内,完全保留了墙体、屋顶的原貌,如涂刷在墙体上具有时代特征的标语,其本身就是一件艺术品,旧厂房变成了艺术的新空间。

与 798 工厂毗邻同属一个时期的 751 工厂,与 798 自发形成、自行改造的方式不同,具有发展及建设的规划性,从风格上基本与 798 保持一致。751 厂位于北京的东北角,其西侧与 798 艺术区相连。751 的前身是始建于 20 世纪 50 年代的正东电子动力集团,它曾是国家"一五"重点建设的 156 个大型骨干企业之一,由原民主德国支援建设。由于环境的改变和能源结构的调整,占地达 22 万 m² 的厂区大部分已经闲置多年。从 2007 年开始,王永刚工作室接手 751 的再生设计改造项目。王永刚擅长运用当代艺术的态度寻求解决问题的方式方法,对城市规划、建筑设计、景观园林、室内设计等空间艺术进行综合思考,寻找出一个具体项目所蕴含的独特基因。在 751 的设计改造项目中,王永刚用"设计创意"赋予历史工业遗存新的生机。

火车头广场是 751 的时尚名片,广场上的蒸汽式火车头高 4.44m,长 21.51m,代号"上游 0309"。它由唐山机车制造厂在 20 世纪 80 年代初制造,原用于运送煤渣。如今,老火车车厢内和站台上已设有咖啡厅、酒吧等休闲场所。751 房子不多,设备很多,广场很大,被定位为时尚设计,与侧重现当代艺术的 798 形成互补关系。

751 工厂的改造引起了更多建筑师的关注和参与,艺术和建筑的结合,再一次彰显中国当代建筑的实验性特征。

与此相类似的旧工业区改造,在上海、重庆、昆明等地都有出现。它们有的是艺术家或者建筑师自发行为,但大多都是由政府、开发商介入的创意产业开发项目。

| 1 | 4 | 1-7 751 艺术区 |
| 23 | 5 6 7 | |

今日美术馆一号馆，北京

　　基于对城市旧建筑改造以及原有的外在形态与内部功能特征的理念分析，非常建筑工作室对今日美术馆改造工程进行了从整体到细部的一系列设计工作。

　　今日美术馆一号馆原是北京啤酒厂锅炉房。锅炉房的空间布局非常独特，挑高有 12m，极其适合用来展示当代艺术作品；同时，由于它原是用于安放锅炉，所以其超大的承重能力也完全可以满足对大型当代艺术作品的展示要求。

　　今日美术馆一号馆的设计充分考虑到了建筑的艺术性及其使用功能的有机结合。入口将原来建筑内部经常出现的梯形和金属栅栏等元素加以提炼和夸张，设计成梯形的金属框架结构，一方面体现出美术馆的现代气息，另一方面也传达出他对老锅炉房建筑的一种解读和纪念。入口处的整个梯形金属框架是一个"之"字形坡道，人们可以从远处看到入口，但却看不到楼梯，只有靠近了才能发现上去的途径。在坡道上行走可以给人一种很奇妙的体验：从艺术设计的角度来看，观众来到美术馆，在欣赏艺术作品之前，需要一个心理准备的过程。当观众在坡道上行走时，会有一种攀登的感觉，整个进入美术馆的过程便由此产生一种仪式感。同时，"之"字形的设计能使观众从更多的角度来观察美术馆和周边的景观。从功能角度来看，坡道的设计是一种无障碍的设计，可以方便更多的人来美术馆欣赏艺术品。而且，这样的设计处理也使得美术馆运送大幅作品时能够更加便利，并且能最大限度的减少作品在运输过程中的损伤。

　　今日美术馆的建筑在设计之初就已经被赋予了极大的弹性和自由度：它内部的展板可以自由组合搭配，灯轨也可以按照要求进行全新的设置，甚至整个美术馆建筑墙体都可以在作品展示需要的情况下进行拆建，使作品能够被全面地展示，同时使观众能从不同角度欣赏作品。美术馆场馆的灵活性为当代艺术作品的展示提供了最大的可能性，也使得美术馆建筑本身与其展示的艺术品之间的关系更为紧密[62]。

项目名称: 今日美术馆一号馆
地点: 北京市朝阳区
主要设计人: 王晖
设计单位: 有限设计
设计时间: 2006 年
竣工时间: 2007 年
建筑面积: 4893m²
图片提供: 有限设计

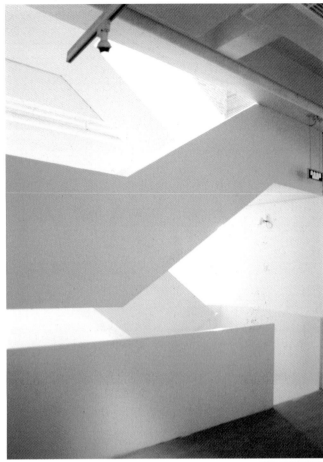

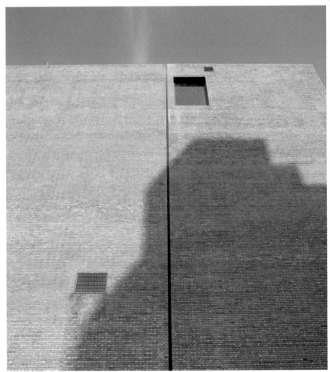

沙滩南巷四合院改造，北京

北京沙滩南巷的蔡国强四合院改造是由朱锫主持。该项目需要对中国传统的"四合院"展开一系列的修复工作，并在院内增建一个新的建筑体。因所处位置特殊，这个项目非常具有挑战性：它距离紫禁城很近，增建的部分对周围的环境、临近的胡同，以及内部的庭院结构来说都很敏感。在这个项目中，建筑师发展出一套再生的概念，尝试使当代的建筑体与传统的结构得以共生。由于将传统形式融入当代城市的难度很大，北京的历史核心正在屈从于冷酷的"现代"发展，传统形式的现代价值已经与传统语境发生了偏离。但现代的建筑还是可以吸收那些曾经使用过的语汇，同时仍提供现代的功能。

"凝固老的，注入新的"是该设计的主要概念，老建筑作为记忆的存储器，得到了充分的尊重与保护。改造后的四合院打开了原来的双庭院结构，变为南向的建筑空间。翻新了院内已经残破的地砖、墙面和袒露的结构，但是在材料、结构和技术上与传统保持一致。方案中扩大的南院是新增加的建筑体，这个建筑运用了玻璃和钢等现代材料，通过材料的反射性让建筑本身变得无形，同时同与之对立的传统建筑进行融合。体态轻盈的新建筑体与沉重的旧建筑体形成了对比，又在形式、尺度和功能上互补，开启着新老对话的大门 [63]。

改造后的四合院没有在外观上对周围环境产生影响。但院落内相对于原四合院的固定结构和传统功能，改造带来了新的"现代"功能，是一个具有弹性的多功能空间，又是一个艺术家工作室。

项目名称: 沙滩南巷四合院改造
地点: 北京
主持设计师: 朱锫、吴桐
设计单位: 朱锫建筑设计事务所
用地面积: 910.33m^2

总建筑面积: 412.72m^2
设计时间: 2006 年~2007 年
竣工时间: 2007 年 11 月
摄影: 方振宁
图片提供: 朱锫建筑设计事务所

胡同泡泡，北京

　　胡同泡泡是 MAD 马岩松在北京的老胡同里完成的一个泡泡系列的建筑作品。该建筑外表如金属泡泡，光滑的金属曲面折射着院子里古老的建筑以及树木和天空，又如从树上落下的"雨滴"，为干旱的城市注入生机。

　　胡同泡泡的构想起源于 2006 年的威尼斯建筑双年展。MAD 的城市概念作品《北京 2050》首次亮相于威尼斯个展 "MAD IN CHINA" 中，作品描绘了三个关于北京城市未来的梦想——一个被绿色森林覆盖的天安门广场、在北京 CBD 上空飘浮的空中之城、植入到四合院中的胡同泡泡。其中，如同水滴一样散落在北京老城区的胡同泡泡，在三年之后，开始出现在位于北京老城区的北兵马司胡同 32 号的小院里。

　　经济发展所推动的大规模城市开发，正在逐步逼近北京传统的城市肌理。陈旧的建筑，混乱的搭建，邻里关系的变迁，必要卫生设施的缺乏，导致这种原本美好安详的生活空间变成了很大的城市问题——四合院正在逐渐成为了老百姓的地狱，有钱人的私密天堂，游客们的主题公园。面对这种源自城市细胞的衰退与滥用，需要从生活的层面去改变现实。并不一定要采取大尺度的重建，而是可以插入一些小尺度的元素，像磁铁一样去更新生活条件激活邻里关系与其他的老房子相得益彰，给各自以生命。同时这些元素应该具有繁殖的可能，在适应多种生活需求的基础上，通过改变局部的情况而达到整体社区的复苏。由此，世代生活在这里的居民可以继续快乐地生活在这里，这些元素也将成为历史的一部分，成为新陈代谢的城市细胞[64]。

　　设计在旧有的胡同房屋中置入新的有如水滴般的曲面雕塑个体，极具未来感的建筑形式不仅从功能上改善旧有的生活空间，更是从"新"与"旧"的角度出发，使旧有的沉闷的环境秩序得到激活。

项目名称：胡同泡泡
地点：北京市东城区北兵马司胡同 32 号
主要设计人：马岩松、党群等
设计单位：MAD
竣工时间：2009 年
建筑面积：130m²
图片提供：MAD

剖面图

新天地改造，上海

　　上海新天地广场保留了上海老式石库门弄堂的海派文化风韵的商业空间，位于上海市中心区淮海中路的南面，兴业路把整个广场分为南里与北里两个部分，处于中国共产党第一次代表大会会址所在上海市思南路历史风貌保护区中。

　　新天地北里不到 2hm² 的地块上，原先建有 15 个纵横交错的里弄，密布着约 3 万 m² 的危房旧屋。其中最早的建于 1911 年，最迟的建于 1933 年，它们中有的能直达马路的弄堂口，有的则要借道其他里弄才能进出。因此新天地项目的改造概念在于：保留石库门建筑原有的贴近人情与中西合璧的人文与文化特色，改变原先的居住功能，赋予它新的商业经营价值，把百年的石库门旧城区改造成一片新天地。

　　广场的南北主弄是广场中最有主导作用的部分，从太仓路进入广场时有通道作用的部分。主弄两旁的墙壁是原来这个地块上的石库门房子中比较有特色的青砖与红砖相间的清水砖墙。具有明显西洋风格的原明德里弄堂口和原敦和里的一

连 9 个朝东的石库门最具吸引力也最能勾起人们的怀旧情绪。罕见的中东西向石库门房屋被保留下来作为南北主弄的重要题材。由于主弄是从原来的房屋掏空出来的，有宽有窄，为露天餐座或茶座提供了好地方。在主弄的中段，通道被拓宽成一个小广场，集中了几个餐厅，专卖店、艺术展廊如琉璃工场、逸飞之家等的出入口。被拆除的敦仁里保留了 一个弄堂口，东北面的昌星里部分被改造成为 Luna 餐厅的内院，靠近南入口边上一条狭窄支弄上参差外挑的阳台保留了下来，具有海派特色。

　　原来里弄排屋之间的小巷全部被保留下来了，成为南北主弄的支弄。主弄地面铺砌的主要是花岗石，而支弄地面则全部铺以旧房子拆下来的青砖。主弄在接近兴业路时，是一段覆盖了玻璃拱顶的廊。廊的两侧是商店与进入石库门展览馆的入口。廊的南北两端有两个拱门，一方面说明了北里区域的即将结束，同时预告了南里的开始。

项目名称：新天地

地点：上海黄浦区

设计单位：本杰明·伍德建筑设计事务所、新加坡日建设计事务所

竣工时间：2001 年

图片提供：新天地

1933 老场坊保护性修缮工程, 上海

这座始建于 1933 年的远东地区最大现代化屠宰场, 曾是上海工部局宰牲场的旧址, 场区内有近 2.5 万 ㎡ 的老场房, 由英国设计师巴尔弗斯设计, 为当年亚洲最大的肉食品加工场。1970年~2002 年间, 大楼被改建为制药厂。2002 年, 制药厂停工, 建筑被闲置。

被称为 "19 叁 III" 的主楼设计呈方形, 中间环绕一栋 24 面的核心建筑, 形态类似于罗马的角斗场, 建筑最上方有一个直径 6m 的大型顶棚, 光线由此渗透进整个楼房。顶棚下方是一个占地 981㎡ 的中心圆大剧院。剧院采用了磨光玻璃作舞台, 剧院配套设施还有 3.5t 的工业电梯, 足以承载一部汽车从底楼直达大剧院。主楼内部是一个巨大的迷宫, 里面隐藏着洞穴式车间、老式城堡过道、独特的桥廊和坡道。主楼是由东、南、西、北 4 栋高低不一的钢筋混凝土楼房围成的四方形厂区, 中间是一座圆柱体大楼, 与旁边的楼房通过楼道相连, 俗称 "八角楼"。阳光从大剧院顶棚照射下来, 半阴半亮, 造成内部空间神秘而幽深之感。

当年的 "远东第一屠宰场", 全部是钢筋水泥结构, 主楼有一种坡道, 又称牛道, 其地面故意建得很粗糙, 有专门的防滑设计, 而且通道实行人畜分离。在新的设计里, 这些通道得到了最大限度的保留, 当年畜生走的牛道也成了到访者上楼的一种路径。

屠宰场的保护重点分成了三个部分: 最重要的是廊桥空间, 其次是伞形柱和外立面。外廊桥空间含有四层外廊和 26 座斜桥, 在后期又增设了两座新桥, 两座老桥损坏严重, 现已在改造过程中被修缮, 后建的两座新桥被拆除, 恢复到 1933 年竣工时的样子; 内廊桥空间上下共计 10 座桥, 另外 5 个半圆形的桥也均保存完好。

伞状柱分为八角形和四边形两种。八角形伞状柱主要分布于建筑外围的西区, 四边形伞状柱则主要分布在其他三区, 修缮之前的柱子的外立面材料各异, 有粉刷面的、油漆面的、不同年代和尺寸的瓷砖面以及水泥抹面, 这些装饰材料后来被全部清除干净, 统一刷上水泥。屠宰场的外墙也经过专业技术清洗以恢复原设计的质感和色彩。如今, 外立面的花格窗洞、门窗和门前灯也根据 1933 年图纸上的设计进行修复[65]。

项目名称：1933 老场坊保护性修缮工程 1 号楼 2 号楼

地点：上海市虹口区溧阳路 611 号

主要设计人：赵崇新

设计单位：中国中元国际工程公司

设计时间：2006 年 8 月～2007 年 8 月

竣工时间：2007 年 11 月

图片提供：中国中元国际工程公司、胡文杰

田子坊，上海

　　田子坊，坐落于上海泰康路 210 弄，原名志成坊，始建于 1930 年。位于卢湾区中西部，与徐汇区毗邻，北为建国中路、南为泰康路，东西分别为思南路和瑞金二路。地块的街区形态基本形成于 20 世纪 20 年代，具有较为典型的里弄式格局传统街区的基本特征。

　　泰康路地块的形成与法租界的发展和扩张关系密切，是法租界的一个重要组成部分。地处法租界的优势，使这一地块在特殊的历史时期，吸引了较多的社会名流居住于此。在 1931 年后还是著名的新华艺专后期校舍所在地，因而吸引众多的文艺界人士流连于此，著名的有柳亚子、何香凝、齐白石、徐悲鸿、梅兰芳等。并有《生存月刊》、《循环》周刊等文艺文学刊物于 1930 年左右在此创办。进入改革开放后期，由于产业结构的调整，泰康路也逐渐从繁荣走向衰败，原有的里弄住宅也进入老化期，部分住宅进行了拆迁，建为高层住宅。

　　1998 年陈逸飞在此开办工作室的举动，是志成坊成为今天的创意产业园的开始。1999 年，画家黄永玉来此，取《史记》记载中国最早的画家"田子方"之谐意，改名为"田子坊"，寓意"艺术人士集聚地"。此后坊内的石库门老建筑陆续通过招租的形式开始转型，先后有 6 家老厂房将房屋的使用权出租给艺术家、工作室。在不改变建筑的前提下，完成建筑功能的转型和升级，初步形成了小规模的创意产业园区。2000 年 5 月，在市经委和卢湾区政府的支持下，田子坊进行了全面的改造，并形成了以室内设计、视觉设计、工艺美术为主的产业特色。

　　田子坊作为上海产业结构调整的特定时期自然生长的作坊式创业产业集聚地，以其优越的地理位置、宜人的建筑尺度、多样的建筑形式、丰富的街巷交往空间和多姿的风土生活形态，成为文化艺术、时尚设计领域创意人才的荟萃之地，成为上海城市文化的一个重要载体。

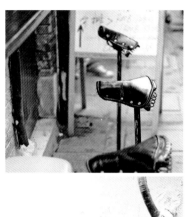

项目名称：田子坊
地点：上海黄浦区泰康路
摄影：朱涛等

外滩美术馆，上海

　　上海外滩美术馆坐落于上海黄浦江与苏州河交汇之处的外滩源片区。美术馆所在建筑前身为英国皇家亚洲文会博物馆，是中国最早建立的现代博物馆之一。亚洲文会大楼原建筑设计为当时的英商公和洋行，为了突出欧洲西方建筑形式与上海本土相协调，建筑风格融合了中西文化的元素，具有典雅而精致的装饰艺术风格。

　　2005 年，上海洛克·外滩源获得美术馆所在街区的开发权益。为尊重与传续历史建筑所承载的文化遗产，公司决定修缮亚洲文会大楼，并在其原有文化机构的定位之上，注入当代艺术的精神，将其建置为公益性的当代美术馆，作为企业回馈社会之具体实现。

　　执掌建筑修缮和设计规划重任的，是曾主持柏林"博物馆岛"设计的英国建筑师戴维·齐普菲尔德。为了尽可能原汁原味地保护这栋历史建筑，建筑师在主要建筑立面上都以 1932 年建成时的原貌为依据进行修缮。但另一方面，设计也考虑现代美术馆的功能需求，修缮一新的外滩美术馆向东进行了扩建，创造出一个首层面向博物院广场开放，顶层为室外露台的崭新东立面，新旧呼应，相得益彰。同时，为了能够满足定期更换的现代艺术展览的要求，设计师对原有空间进行了修改，最大的变动就是通过屋顶天窗的设计，将最上部的三层空间连通起来。至于室内色彩的选用，也遵循建筑原貌，展厅空间均采用浅色调，穿插布置少量黑钢或木质家具，从而为展览提供了一个简洁、宁静的背景效果。

　　戴维·齐普菲尔德在中国的作品有杭州良渚博物院和九榭公寓。而上海的洛克外滩源是他最新的项目，在外滩北侧，有 11 幢 1897 年至 1936 年间建成的老建筑将在他的改建下焕发青春，上海外滩美术馆是最先完成的项目。

项目名称: 外滩美术馆
地点: 上海市黄浦区虎丘路 20 号
设计: 戴维·齐普菲尔德建筑事务所
中方设计单位: 上海章明建筑设计事务所
面积: 2 300m²
设计时间: 2007 年
竣工时间: 2010 年 5 月
摄影: 胡文杰

8 号桥创意中心，上海

8 号桥创意中心位于上海市中心城区卢湾区建国中路 8~10 号，占地 7 000 多 m²，总建筑面积 12 000m²，是由 20 世纪 70 年代所建造的上海汽车制动器厂的老厂房改造而成。设计在力争保持原厂房布局的基础上，对外部空间和内部空间进行更新组合。具体做法是将原工厂内不适合的危房、隔断等撤去，加入新的元素，同时在其中设置了大量室内、半室内的外部公共空间，以此满足进入园区的各式租户的需求，同时尽可能地为人们提供交流的平台和丰富的公共空间[66]。

改造中那些充盈着工业文明时代沧桑韵味的元素或是被直接保留了下来，或是对其进行了深入的挖掘。例如，在对墙的改造上，设计师摒弃了原厂房的白粉涂墙，而是把从旧房子上拆下来的青砖进行重新组合，以凹凸相间的砌造方式突现了墙面的纹理，例如沿街 1 号楼的墙面增加了不锈钢及反光玻璃贴面，夜晚的时候，整个墙面熠熠生辉，很有现代感。2 号桥的立面原来是联排的窗口，现在把它做成窗的错落排列，并配以大块面的玻璃。7 号楼是网状打孔的装饰立面。

除此之外，连接房子和房子之间的桥被认为是 8 号桥在设计上的画龙点睛之笔，它体现了为不同创意产业提供一个交流平台的宗旨：所有的建筑通过显性或隐性的桥连接起来，将过去的历史和现代的理念融合起来，将国内和国外的时尚、文化与人才连接起来，将国外的顾问和国内的客户连接起来。构成整个 8 号桥的 7 栋房子，其第二层被设计师以桥一一连接；整个园区的四座桥，造型均不相同，但无论是在厂房原来的设施上扩展的铁桥，还是有着绿色"门"字造型的天桥，都极具时代的特点。

负责项目改造的是由广川成一、万谷健志、东英树三位建筑师于 2003 年合伙创建的 HMA 建筑设计事务所。HMA 作为创意产业园改造的先锋，自 2004 年成功推出"8 号桥"之后，逐渐受到业界的深度关注。随后又主持了一系列创意园作品，"X2 创意空间"，"筑园"，"上海公园 1468"，并向全国辐射发展。

项目名称: 8 号桥创意中心一期
地点: 上海市建国中路 8 号
占地面积: 约 7000m²
总建筑面积: 约 9000 m²
竣工时间: 2004 年 11 月
方案设计公司: HMA 建筑设计事务所
合作设计公司: 深圳良图、航天院上海分院

项目名称: 8 号桥创意中心二期
地点: 上海市建国中路 25 号
占地面积: 2 400 m²
总建筑面积: 约 6000 m²
方案设计公司: HMA 建筑设计事务所
合作设计公司: 深圳良图、航天院上海分院
图片提供: HMA 建筑设计事务所

喀什老城阿霍街坊改造，新疆

　　阿霍街坊是阿热阔恰巷和霍古祖尔巷组成的街坊的简称，位于喀什市中心东侧恰萨、亚瓦格历史文化街区。由奥然哈依巷、阿热阔恰巷、阔纳尔代瓦扎路、霍古祖尔巷围合而成，共计29户。街坊内有清真寺一座，居住总人口为132人。恰萨、亚瓦格街区是老城区民居中保留最多最密集的地区，其道路网络如蛛网，很有代表性，它和高台民居是旅游者重要参观的街区。居民绝大部分为维吾尔族，主要从事维吾尔传统的手工艺制作，这里集中体现了维吾尔族的民族特质与生活特色，表现出独特的魅力。

　　喀什市地处地震多发带，地质结构为湿陷性黄土，老城区居民在20世纪70年代曾在底下挖了许多深浅不一、纵横交错的土地道、防空洞（目前已探明的总长为36km），以及居民随意地下采掘陶土留下的大量洞穴，使得老城区的民居如同架在"空蛋壳"上，这些地道、洞穴长期浸泡在雨雪中曾导致大量的民居倒塌开裂，安全隐患十分严重。

　　改造推行"抗震安居与历史文化风貌传承相结合"的原则，对居民住房、基础设施和疏散广场等公共设施按照8.5级的抗震设防标准进行统一规划设计。同时在保持原有的整体风貌和尊重原有民居群落特点，如建筑群肌理脉络的生长、街巷空间的生命延伸、因地制宜的院落空间布局、叠落的庭院、建筑第五立面——屋顶、整体可视性等的基础上，广泛征求居民意愿，一对一地逐个设计，在建造过程中尤其在后期装修中的屋顶、栏杆、楼梯、柱式、门窗等，由住户参与实施。

　　阿霍街坊改造项目的主要设计人是王小东、倪一丁和帕孜来提·木特里甫等，建筑师认为，老城区的改造是在生命安全与风貌保护之间抉择的过程，同时老城区的风貌是一种建筑、生活习惯，民族习惯混合而成的集合体。民居不是文物，它存在着一种动态发展的过程，因此在整个改造过程中，新意识、新科技、新方式被不断的用来与原有集合进行混合[67]。

项目名称: 喀什老城阿霍街坊改造

地点: 新疆喀什

设计: 王小东、倪一丁、帕孜来提·木特里甫

设计单位: 新疆建筑设计研究院

图片提供: 王小东

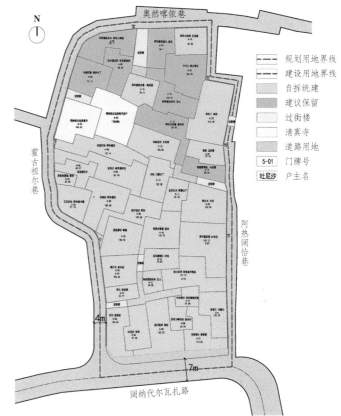

二、汶川大地震与灾后重建

2008年5月12日14时28分，汶川大地震使世界为之震惊。这是中国1949年以来破坏性最强、波及范围最大的一次地震，地震的强度、烈度都超过了1976年的唐山大地震。极重灾区共有10个县（市），分别是四川省汶川县、北川县、绵竹市、什邡市、青川县、茂县、安县、都江堰市、平武县、彭州市；四川省、甘肃省、陕西省重灾区共有41个县（市、区）。8级强震下，无数建筑瞬间化为废墟。四川省有347.6万户农房受损，其中126.3万户需重建，221.3万户需维修加固；城镇住房有31.4万套需重建，141.8万套需维修加固。在巨大的灾难面前，全国同胞紧急行动起来，抗震救灾。

中国建筑师、规划师更是积极投身到灾后恢复重建工作中，各大建筑设计院、规划设计院、建筑学院成为灾后重建规划设计的主力。中国建筑学会组织召开"中国建筑学会抗震救灾专家咨询会议"，对于抗震救灾和灾后重建的技术问题，提出了具体措施和建议。建筑师们迅速行动起来，寻找社会与政府资源，以各种方式投入到灾区住宅重建。5·12地震灾害发生后，很多规划建设领域的专业人士自己行动起来，为灾区提供志愿工作，包括关注迫切的灾民临时安置、建筑评估和废墟清理、过渡性用房的建设、永久家园的重建或搬迁等问题。这是一系列公益的行动，同时也反映了建筑设计的一个转向，从一段时间以来对建筑的形式、表面的追求转而关注用低造价建造出坚固、耐用、美观的建筑。其中影响力较大的有"震后造家"、"土木再生"和"易居兴邦，家园再造"等活动。

2008年5月14日，北京大学"中国现代艺术档案"等艺术机构共同发起了建筑家、艺术家和教育家"震后造家"行动。"震后造家"行动组与中国扶贫基金会合作，选择了四川绵竹市土门镇民乐村作为灾后重建的一个试点村，进行整村重建。目前12家建筑事务所已经义务完成了建筑设计与建造流程规划工作。包括车飞超城建筑工作室的"魔方建筑"，刘家琨的"再生屋"和"再生砖"，谢英俊乡村建筑工作室为农宅设计的5种屋型，彭乐乐百子甲壹工作室带有二层架空储藏空间的民居，朱锫的秸秆房，崔愷的"安全岛"，张永和非

常建筑的预制框架结构房屋，阿尼那"小猪吃奶"和"双龙戏珠"，都市实践和状态工作室合作的运用聚落概念体系的住宅，傅刚和费菁的合作，齐欣建筑工作室、季铁男建筑事务所的方案。500户村民中有150户选择了12个方案中的两个——北京超城建筑师事务所的"魔方建筑"方案以及家琨建筑事务所的"再生砖＋小框架"方案。先大量建造起村民认可的方案，其他的方案继续推动实施。不过在推动过程中，还是坚持由村民完全自主选择的原则，力图建立科学、经济、切实可行、符合当地特色的灾后重建模式。

住房与城乡建设部在5月18日召开会议，研究布置大地震受灾群众建100万套过渡安置房。随即名为"土木再生——家园重建"香港、台湾、深圳三地规划建筑师的志愿者行动在深圳发起展开。据发起者解释，"土木再生"意味集结以"土木"为代表的规划建设专业人士参与重建家园，推动受灾地区一系列的再生，包括受灾环境的再生，家园、生活和希望的再生，土木资源（包括废墟材料）和适于当地的建造方式的再生。尤其当灾后重建开始拉开序幕，作为专业人士的规划师、建筑师，除了捐款捐物，能否也捐出自己的智慧与专业知识承担起专业界的社会责任。面对如此庞大规模的重建工作，政府的资源、效率和能顾及到的方面毕竟有限，但在另一方面，如此丰富，但却相当零散化的民间资源在怎样的组织平台上才能有效发挥其力量。除了一方面为灾区规划建设的专业需求和专业志愿者之间提供信息服务，另一方面将集众人之力汇聚专业思考，包括邀请中国台湾及日本有灾后重建经验的专家研讨、课题研究、举行安置房和过渡房设计竞赛活动及工作坊等等，同时还负有承担具体服务项目的功能。"新校园计划"和"合力筑家"是"土木再生"行动正在推进的两个实际专项。

在台湾"9·21"地震之后因绍族部落重建而受好评的建筑师谢英俊和他的"乡村建筑工作室"2008年7月起就进入四川灾区工作，为绵竹灾区设计了轻钢结构的永久住宅样板房。他的设计强调低技术、自主建房、用协力交换劳动力和就地取材来减轻农民负担、重建农村自然和人文环境。

北川抗震纪念园，四川

北川抗震纪念园位于四川省北川新县城文化轴线和景观轴线的交汇处，是新县城灾后重建抗震精神的重要标志场所，以"宝贵石艺"作为施工工艺。基地西侧为羌族特色商业街，同时也是纪念园的主要出入口方向，东侧则与文化中心形成观望之势。规划设计反映了地震、救灾和重建的全过程，以"静思园"、"英雄园"和"幸福园"的组合体现了"追思救灾"、"纪念抗震"和"展现幸福"的设计定位。

建筑师周恺设计的"静思园"是新县城极有感染力的场所，位于抗震纪念园东侧，占地面积1.6hm²。设计的出发点是将纪念的方式理解为对生命本体的纪念，跳出传统纪念碑式的设计框架，以城市公园的概念为市民提供了一个集纪念、休憩、静思、避难于一体的精神场所，力图以更为自然、平和、朴实设计手法和最少的人工介入，将纪念与城市生活融为一体。方案的灵感来源于自然元素的启发，以水滴的自然形态将其作为空间设计的载体，场地中央的大水滴是整个园区的核心纪念空间，围绕

水院周边可作为大型的集会和举行各种纪念仪式；位于场地西北角的小水滴形态的半围闭空间则作为一个小型的缅怀和追思的场所；最后结合高大绿植的方式，整个场地将种满茂密的大树，展示了一种充满感恩与希望的精神诉求与生命寄望。

设计在纪念的形式上并不刻意强调灾难本身，而更注重设计本身带来的空间感受，引导人们对生命价值的重新思考。例如穿越中央水池的感恩桥，引导人们先缓缓行至水面下后又逐渐走出水面之上，在行走过程中，通道侧壁上镌刻的牺牲英雄以及参加救援人员的名字会让人们永远心存感念。而对待灾难本身带来的伤痛，设计者则以矮墙限定出一个小小的围合空间用以封藏和纪念。在纪念场地的处理上，设计尽量减少人工构筑的痕迹，大量采用自然的元素和自然的形态语言强化纪念空间的自然属性。平静的水面、茂密的树木、温暖的阳光，让每一个来到这里的人都能感受到生命与自然相融相生的依存关系和深沉而浓郁的人文关怀。

项目名称: 北川抗震纪念园
地点: 四川省北川新县城
主要设计人: 周恺、吴岳、章宁等
设计单位: 天津华汇工程建筑设计有限公司
设计时间: 2009 年
竣工时间: 2010 年
占地面积: 21 185 ㎡
图片提供: 天津华汇工程建筑设计有限公司

胡慧珊纪念馆，四川

　　胡慧珊纪念馆位于四川省安仁建川博物馆聚落 "5·12 地震馆" 旁的一片小树林中，占地面积 52m²，建筑面积 19m²，是为在512 地震中死难的都江堰聚源中学普通女生胡慧珊而建的。胡慧姗是一个 15 岁的小女孩，2008 年 5 月 12 日汶川地震时被埋死亡。她生前喜欢文学，梦想成为作家。

　　胡慧珊纪念馆可能是世界上最小的纪念馆，由家琨建筑工作室设计捐建。纪念馆以灾区最常见的坡顶救灾帐篷为原型，面积、体量以及形态均近似于帐篷，室内外红砖铺地，外墙面采用民间最常用的抹灰砂浆。建材取自灾区建筑废墟为材料制造的 "再生砖"、外表刷上青灰的涂料，内部为女孩生前喜欢的粉红色，墙上布满女孩短促一生的遗物: 照片、书包、笔记本等。为了给物品留出足够的陈列空间，房子没有照帐篷的样子在墙面开窗，而是改在斜顶上开了圆形的天窗。从圆形天窗撒进的光线，使这个小小空间纯洁而娇艳。这个纪念馆，是为一个普通的女孩，也是为所有的普通生命而建的 [68]。

项目名称：胡慧姗纪念馆
地点：四川省大邑县安仁建川博物馆聚落
主要设计人：刘家琨、罗明、孙恩
设计单位：家琨建筑工作室
竣工时间：2009 年 5 月
建筑面积：19 m²
摄影：Iwan Baan
图片提供：家琨建筑工作室

协力造屋，四川

"永续建筑和协力造屋" 是建筑师谢英俊在台湾 "9·21" 地震后，参与灾后重建所提出的理念。作为淡江大学建筑系毕业的执业建筑师，在 1999 年台湾发生了著名的 "9·21" 大地震后，谢英俊应邀前往灾区帮助灾民重建家园。"9·21" 邵族家屋重建案倍受国内外瞩目，他也由此获得远东建筑奖、台湾 "9·21" 重建委员会重建贡献奖，同时入围 2004 年联合国最佳人居环境奖决选。此后他一发而不可收，持续推进这样的工作。而他的建筑理念也清晰起来，概括为八个字：永续建筑，协力造屋。

2008 年的汶川地震给茂县杨柳村造成了重大的地质破坏，全村超过 85% 的农房受损。为避免之后可能造成进一步的地质破坏，村政府决定将整村 56 户迁至山下岷江河畔的开阔地带异地重建，规划占地 50 亩。该村村民 348 人，羌族占 99%。谢英俊认识到，最大程度的发挥当地居民的创造力和劳动力是进行灾后重建的重中之重，基于这一点认识，他提出了 "协力造屋" 的工作模式。"协力造屋" 理念的核心在于建立一个小区域范围的 "自主性的建筑体系"，让建筑材料和劳动力本地化。建筑材料的就地取材这种方式不仅有效地避免了造屋成本的上涨，又可以体现当地与当地传统建筑风格相一致；劳动力的

本地化不仅可以创造就业，还可以通过集体参与，让濒临消失的文化仪式得以延续 [69]。

因此，谢英俊秉承 "就地取材，协力建屋" 的理念，在当地建屋习俗的基础上，对新村镇的整块地进行了整体规划和建筑设计，以及采取可持续的生态策略，使杨柳村这个传统的村落重新焕发了生机。他在协助四川茂县杨柳村与当地羌族人参与集体迁村重建的同时，先后在少数民族村寨、偏远山区农村，如茂县、阿坝州、青川草坡乡等地数十个村落营建起大约 300 座轻钢结构的房子。为了应对农村重建过程中预算限制的问题，这套简易的轻量型钢建房系统降低了施工难度，现场施工仅需要简单操作工具，让农民可以自己完成屋架的组立，极大地节省了成本。墙体与屋面等维护材料，可以充分利用各种回收建材（如废砖、水泥砌块、木板等）或当地建材（如土、石、麦秸、木、竹等）搭盖出兼顾当地气候、风俗与环境保护的家屋建筑。

谢英俊 1954 年生，毕业于台湾淡江大学建筑系，是 "谢英俊建筑师事务所" 负责人。曾经营营造厂多年，主张生态环保，他的 "协力造屋运动" 引发关于原住民社区、全球化与地域性、文化多样性、可持续发展等问题的深入讨论。

项目名称: 协力造屋 (杨柳村)
地点: 四川茂县杨柳村
设计师: 谢英俊
设计单位: 谢英俊建筑师事务所
设计时间: 2008 年
图片提供: 谢英俊建筑师事务所

北川文化中心，四川

北川羌族自治县文化中心位于四川省北川新县城中心轴线的东北尽端，向西与抗震纪念园相对，由图书馆、文化馆、羌族民俗博物馆三部分组成，建筑面积 1.6 万 m²。设计主持人是崔愷。

设计构思源自羌寨聚落，以"起山、搭寨、造田"为设计理念，起伏的屋面强调建筑形态与山势的交融，建筑作为大地景观，自然地形成城市景观轴的有机组成部分，并与城市背景获得了巧妙的联系。建筑以大小、高低各异的方楼作为基本构成元素，创造出宛如游历传统羌寨般丰富的空间体验。碉楼、坡顶、木架梁等羌族传统建筑元素经过重构组合，成为建筑内外空间组织的主题，并强调了与新功能和新技术的结合。

为体现节能环保理念，中心墙体内填充保温材料，少量外窗采用 LOW-E 中空玻璃，巨大的坡屋顶采用轻质复合保温金属板，屋顶下的架空平台形成通风层，减少了太阳辐射热。公共空间开敞，部分墙体利用夹壁空间拔风，利于自然通风，减少空调负荷；少量天光引入，满足室内照明，减少电耗。

设计以复合型功能打造全天候的城市文化空间，既有传统民俗博物展览，又是普及大众文化的场所，开敞的前庭既连接三馆，也可作为各族人民交流聚会的城市客厅 70。

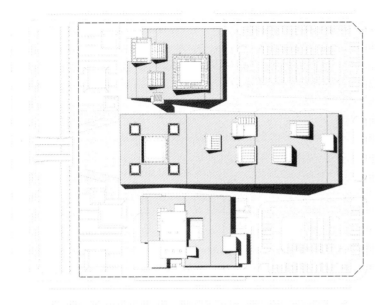

N

总平面

项目名称：北川文化中心

地点：四川省北川新县城

主要设计人：崔愷、康凯、傅晓铭、关飞、张汝冰等

设计单位：中国建筑设计研究院

设计时间：2009 年

竣工时间 2010 年

建筑面积：14 098m²

图片提供：中国建筑设计研究院

起山　　　搭寨　　　造田

1 2　1-2 理念（羌寨结构）

3 4

3　前庭细部

4　图书馆大厅

注释 NOTE

61 王建国, 蒋楠. 后工业时代中国产业类历史建筑遗产保护性再利用 [J]. 建筑学报, 2006, 8.

62 参见今日美术馆网站有关文章.

63 朱锫, 吴桐, 郝向嫣, 李少华, 何帆, 蔡国强四合院改造 [J]. 住区, 2011, 2.

64 马岩松. 胡同泡泡 32[J]. 建筑创作, 2009, 12.

65 赵崇新. 磨出的水泥世界 19叁 III 老场坊设计札记 [J]. 建筑与文化, 2007, 8.

66 广川成一, 万谷健志, 东英树. 上海八号桥时尚创作中心 [J]. 时代建筑, 2005, 2.

67 王小东, 倪一丁, 帕孜来提·木特里甫. 喀什老城区阿霍街坊保护改造 [J]. 世界建筑导报, 2011, 2.

68 刘家琨, 胡慧珊纪念馆 [J]. 新建筑, 2009, 6.

69 参见杜倩然, 谢英俊家屋体系重建经验研究——以四川茂县杨柳村灾后重建为例 [J]. 建筑, 2010, 19.

70 崔愷等. 北川羌族自治县文化中心 [J]. 建筑学报, 2011, 12.

结语

在过去的十多年中,中国的建筑业经历了一次蓬勃的发展,日趋与国际接轨,包括建筑的潮流、技术手段、设计理念等方面,出现了新的趋势,如节能建筑、数字建筑,以及新材料在建筑中的使用。外国建筑师大量进入中国的建筑设计市场,参与到建筑创作中,带来了先进的设计理念和实际手段,同时也出现了两种回归,中国传统建筑文化的回归和建筑师人文性的回归。改变了为了顺应经济发展需要而对建筑历史遗留一味的拆毁的做法,逐渐变为有选择的拆毁、有方法的保护。人文性的回归表现在建筑设计上,建筑空间的尺度适合人居,设计"以人为本"。设计回归自然,在建筑中加入更多与自然相生的元素,更多地加入了城市、建筑的思考,用实验性的建筑体现这样的反思。

全球化的发展趋势,给中国建筑带来的影响有正面的,也有负面的。正如希腊学者亚历山大·楚尼斯教授在新世纪到来之前发布的《北京宪章——建筑学的未来》的序言中所写:近年来在国际设计领域广为流传的两种倾向,即崇尚杂乱无章的非形式主义和推崇权力至上的形式主义。非形式主义反对所有的形式规则,形式主义则把形式规则的应用视为理所当然,尽管二者的对立如此鲜明,但在本质上它们却是同出一源,认为任何建筑问题都是孤立存在的,并且仅仅局限于形式范畴。出于获取愉悦、表达象征或者广告宣传的目的,大量的先进技术手段被用于满足人们对形式的热切追求,这已成为当今时代的一大特征。从分析形式的风格和类型,到表达复杂的形式构成,再到构筑最奢华的形式梦想,其中的技术手段从来没有像今天这样先进和发达,也从来没有像今天这样屈从于对形式主义的幻想、好奇和迷恋。

全球化是不可改变的趋势,在这一潮流下,中国的建筑更应该把握好机会寻求更新更快的发展。同时,也要在这股潮流中保持自己的文化特色。所以中国的建筑在未来的发展中一定是一条有中国特色的现代的环保道路。

2012年2月28日,对中国当代建筑史来说,是具有划时代意义的日子:普利茨克建筑奖暨凯悦基金会主席汤姆士·普利茨克宣布,中国建筑师王澍获2012年普利茨克建筑奖。王澍是中国实验建筑的代表人物,他的获奖是国际建筑界对中国实验建筑的肯定。中国建筑师通过实验性作品探讨如何解决中国城市发展中面临的难题,完全有可能走出一条跟西方建筑师完全不同的路,促使人们对21世纪建筑如何发展有一个新的历史思考。

参考文献

REFERENCE

1. 邹德侬. 中国现代建筑史 [M]. 天津: 天津科学技术出版社, 2001.

2. (美) 肯尼思·弗兰姆普敦. 建构文化研究 [M]. 北京: 中国建筑工业出版社, 2007.

3. 邹德侬, 王明贤, 张向炜. 中国建筑 60 年 (1949-2009): 历史纵览 [M]. 北京: 中国建筑工业出啊社, 2009.

4. 朱剑飞主编. 中国建筑 60 年 (1949-2009): 历史理论研究 [M]. 北京: 中国建筑工业出版社, 2009.

5. 徐洁, 支文军. 建筑中国: 当代中国建筑师事务所 40 强 (2000—2005) [M]. 沈阳: 辽宁科学技术出版社, 2006.

6. 支文军, 徐洁. 2004—2008 中国当代建筑 [M]. 沈阳: 辽宁科学技术出版社, 2008.

7. 支文军, 戴春, 徐洁. 中国当代建筑 (2008-2012) [M]. 上海: 同济大学出版社, 2013.

8. 中国艺术研究院建筑艺术研究所. 中国建筑艺术年鉴 2003-2010 [M]. 北京: 北京出版社等.

9. 南方都市报、中国建筑传媒奖组委会、中国建筑思想论坛组委会. 走向公民建筑 [M]. 桂林: 广西师范大学出版社, 2011.

10. 南方都市报. 走向公民建筑 2 (2011-2012) [M]. 桂林: 广西师范大学出版社, 2013.

11. 北京市建筑设计研究院. 宏构如花: 奥运建筑总览 [M]. 北京: 中国建筑工业出版社, 2008.

12. 中国建筑工业出版社. 二〇一〇年上海世博会建筑 [M]. 北京: 中国建筑工业出版社, 2010.

13. 中国城市规划设计研究院, 中国建筑设计研究院. 建筑新北川 [M]. 北京: 中国建筑工业出版社, 2011.

14. 王建国等著. 后工业时代产业建筑遗产保护更新 [M]. 北京: 中国建筑工业出版社, 2008.

15. 黄锐. 北京 798 [M]. 成都: 四川美术出版社, 2008.

16. 赵铁林. 黑白宋庄 [M]. 海南: 海南出版社, 2003.

17. 2011 成都双年展组委会. 2011 年成都双年展 (1 函 3 册 物我之境: 国际建筑展 谋断有道: 国际设计展 溪山清远: 当代艺术展) [M]. 成都: 四川美术出版社, 2011.

18. 张永和主编. 城市, 开门! (2005 首届深圳城市\建筑双年展) [M]. 上海: 上海人民出版社, 2007.

19. 第十一届威尼斯国际建筑双年展中国馆图录编委会. 普通建筑——第十一届威尼斯国际建筑双年展中国馆 [M]. 北京: 锦绣文章出版社, 2008.

20. 童明, 董豫赣, 葛明. 园林与建筑 [M]. 北京: 中国水利水电出版社, 知识产权出版社, 2009.

21. 张纯, 吕斌. 文化途径的内城再生规划—北京南锣古巷的案例 [C]. // 生态文明视角下的城乡规划—2008 中国城市规划年会论文集. 2008.

22. 张永和. 平常建筑 [M]. 北京: 中国建筑工业出版社, 2002.

23. 崔恺. 工程报告 [M]. 北京: 中国建筑工业出版社, 2002.

24. 王澍. 设计的开始 [M]. 北京: 中国建筑工业出版社, 2002.

25. 汤桦. 营造乌托邦 [M]. 北京: 中国建筑工业出版社, 2002.

26. 刘家琨. 此时此地 [M]. 北京: 中国建筑工业出版社, 2002.

27. 周榕. 后普利兹克时代的中国建筑范式问题 [J]. 城市 空间 设计, 2012, 2.

28. 朱涛. "建构"的许诺与虚设——论当代中国建筑学发展中的"建构"观念 [J]. 时代建筑, 2002, 5.

29. 金秋野. 论王澍, 兼论当代文人建筑师现象、传统建筑语言的现代转化及其他问题 [J]. 建筑师, 2013, 1.

30. 李翔宁. 权宜建筑——青年建筑师与中国策略 [J]. 时代建筑, 2005, 6: 16-21.

31. 史建. 5+2 华人建筑的本土实验 [J]. 城市 空间 设计, 2008, 9.

32. 王澍. 我们需要一种重新进入自然的哲学 [J]. 世界建筑, 2012, 5.

33. 崔恺. 关于"集群设计" [J]. 世界建筑, 2004, 4.

34. 夏季芳. 中西方城市广场的历史变迁对比 [J]. 安徽建筑, 2005, 3.

35. 梅蕊蕊. 中国建筑实践展 [J]. 城市建筑, 2005, 5.

36. 郭红霞, 支文军. 理想·实验·反思浙江金华建筑公园评析 [J]. 时代建筑, 2008, 1.

37. 建筑学报 2000-2012.

38. 世界建筑 2000-2012.

39. 建筑师 2000-2012.

40. 时代建筑 2000-2012.

41. 建筑创作 2000-2012.

42. Domus 国际中文版 2006-2012.

43. 城市·环境·设计 2009-2012.

索引

INDEX

后记

POSTSCRIPT

本书主要介绍 2000 年至 2012 年中国内地新建筑，限于研究和写作条件，未涉及港澳台地区，希望以后能有机会补充港澳台地区内容。此次写作可以说是一种尝试，书稿付梓之际，忐忑不安，希冀建筑界专家和读者批评指教。

本书建筑作品项目由我和编委共同讨论选定，由中国建筑工业出版社华东分社徐明怡编辑负责征集建筑项目图片和有关文字资料。

感谢中国建筑工业出版社决定出版本书，感谢张惠珍副总编辑的盛情邀请，感谢建工出版社华东分社徐纺社长的支持，感谢徐明怡、戚琳琳编辑的高效和敬业，感谢华东分社卢玲精心设计全书版式。

感谢邹德侬先生的指教，感谢饶小军、朱剑飞、史建、周榕和李翔宁等建筑学者对此书写作的帮助。

我的研究生王珏在 2009 年为《中国建筑 60 年（1949~2009）：历史纵览》第五章的写作整理了资料并撰写初稿，为本书提供了必要的参考资料；我的研究生李芸芸为本书写作搜集整理了大量资料，付出了辛勤的劳动，对此谨表示衷心的感谢。

王明贤
癸巳年榴月于北京

作者简介：

王明贤，中国艺术研究院建筑艺术研究所副所长，1954年出生于福建泉州，1982年毕业于厦门大学，对新中国美术史、建筑美学、中国当代建筑有专门的研究。曾任1989年中国现代艺术展筹备委员会委员，1999年UIA国际建筑师大会中国当代建筑艺术展秘书长（之一），1999年中国青年建筑师实验作品展策展人，2005年第51届威尼斯双年展中国国家馆执行小组成员，2006年第10届威尼斯建筑双年展中国国家馆策展人。著作有《中国建筑美学文存》（主编）、《新中国美术图史：1966-1976》（王明贤、严善錞合著）等。

"中国建筑的魅力"系列图书是中国建筑工业出版社协同建筑界知名专家，共同精心策划的全面反映中华民族从古至今璀璨辉煌的建筑文化的一套图书，本书为其中的一分卷。本卷由艺术史及建筑史学者王明贤撰稿。王明贤长期研究中国当代建筑，是中国当代艺术与实验建筑发展的重要推动者。

本卷从中国建筑师的当代建构，外国建筑事务所在中国，奥运建筑与世博建筑，集群建筑与建筑展览，旧建筑改造、旧城更新以及灾后重建等方面入手，通过详实的文字和与多幅精美图片，向读者展示了21世纪中国新建筑的特殊魅力。

图书在版编目(CIP)数据

超越的可能性：21世纪中国新建筑记录 / 王明贤编
著. 北京：中国建筑工业出版社，2013.12
（中国建筑的魅力）
ISBN 978-7-112-15965-9

Ⅰ．①超…　Ⅱ．①王…　Ⅲ．①建筑设计－作品
集－中国－现代　Ⅳ．①TU206

中国版本图书馆CIP数据核字（2013）第238264号

责任编辑：徐明怡　徐　纺　戚琳琳
美术编辑：卢　玲

中国建筑的魅力

超越的可能性　21世纪中国新建筑记录

王明贤　编著
*
中国建筑工业出版社出版、发行（北京西郊百万庄）
各地新华书店、建筑书店经销
北京顺诚彩色印刷有限公司印刷
*
开本：880×1230毫米　1/16　印张：25½　字数：807千字
2015年2月第一版　2015年2月第一次印刷
定价：238.00元
ISBN 978-7-112-15965-9
　　　（24748）